BIAD 2013 优秀工程设计

北京市建筑设计研究院有限公司 主编

中国建筑工业出版社

编制委员会	朱小地	徐全胜	张 青	张 宇	郑 实	邵韦平
	齐五辉	徐宏庆	孙成群			
主编	邵韦平					
执行主编	郑 实	柳 澎	杨翊楠	王舒展		
美术编辑	胡珊瑚					
建筑摄影	杨超英	傅 兴	王欣斌	王祥东	陈 鹤（等）	

序

作为专注于设计主业的北京市建筑设计研究院有限公司（BIAD）评选年度优秀工程是一项最重要技术总结工作，也是对过去一年公司成就的一次检阅。为了让更多的设计人员了解 BIAD 在设计主业上取得的成果，分享 BIAD 的技术经验。我们将获 2013 年优秀工程一、二等奖的项目成果汇集成册正式出版，作品集收录的每一个获奖工程都展示了 BIAD 设计师的才华、凝聚了设计团队的多年心血。

2013 年是 BIAD 公司化运行的第一个整年度，也是 BIAD 正处于从传统设计院转型为集团式发展阶段，与往届相比，申报部门发展到 55 个部门，申报项目达到 78 项，申报类型增多，包含了公共建筑、居住建筑、规划综合奖以及结构、设备、电气等专项奖，创历年创优工程申报的新高。评委会从 BIAD 品牌建设高度出发，对建筑的设计创新、功能布局、造型设计、结构选型和机电系统合理、经济环保、工程控制力与完成度、使用感受等多方因素进行了全面综合的评估，务求使评选结果客观、公正。

通过评审可以看到对申报项目表现出的整体水平逐年提高表示肯定。获奖项目中，一些大型复杂工程展现出 BIAD 设计团队卓越的综合能力。在与合作单位的配合中，专业的整合能力、对细部构造巧妙的优化设计均为高品质设计产品提供了切实的保障。包含 BIM 技术在内的新技术的应用，使绿色节能及高效的设计管理成为现实。

侨福芳草地是一个成功项目，它巧妙地利用了基地的日照限制，按日照控制线构建了一个巨型透明直角三棱椎体，将四座实体建筑包裹在内，形成独特的艺术效果。建筑在技术细节、功能设置、空间感受和绿色节能方面都有出色的表现。合作设计的银河 SOHO 是一个具有非线性特征的大型公建，全专业 BIM 模型有效控制了设计和施工全过程，在形态控制、结构体系策划、装修细节、机电配合都有不俗的表现，受到业主的肯定。第九届中国（北京）园林博览会主题馆为园区规模最大的标志性建筑，自由流畅螺旋渐开线和带有花瓣意向的表皮细节体现了"生命之源，华美绽放"的园林博览会主题。建筑采用了 40 余项节能环保技术，实现了建筑的可持续发展理念。全国人大常委会会议厅是在人民大会堂内部加建的改扩建工程，设计在充分调研的基础之上，在有限的空间条件下完成了一系列高难度的空间布局，各功能连接顺畅，配置合理。改扩建后建筑外观、内部空间与现有建筑融为一体，展示了国家立法机构的严谨规整的格局和恢宏大气的性格。除了这几个有代表性的获奖项目外，其他获奖项目也都有各自的亮点。

2013 年 BIAD 在工程设计方面又成就一批有影响力的建筑作品，续写着设计主业新的辉煌。在此向获奖的设计师和设计团队表示祝贺，感谢他们为 BIAD 品牌提升所作出的贡献。同时也要感谢为评审顺利进行付出艰辛努力的评审组工作人员和各位专家评委。我们也希望 BIAD 中所有设计师和团队可以从这些优秀工程中获得借鉴和启示，让 BIAD 有更多的项目达到优秀工程的水平，为社会创造更大的价值。

BIAD 执行总建筑师　邵韦平

目录

侨福芳草地

一等奖 • 综合楼

建设地点 • 北京市朝阳区   设计时间 • 2002.06
用地面积 • 3.09hm²   建成时间 • 2012.05
建筑面积 • 20.00万m²   合作设计 • 香港综汇建筑设计有限公司（IDA）、
建筑高度 • 87.00m   奥雅纳工程顾问公司

本项目为 BIAD 与香港综汇建筑设计有限公司合作设计的集商场、办公、酒店为一体的大型城市综合体。由两高两矮的四个相对独立的单元组成，均为双塔连体结构，坐落在 10m 深的下沉花园上。下沉两层以及地上一、二层为商业中心。跨度 225m 步行桥，对角穿越建筑；建筑间联系便捷，也创造了独特的购物体验。三至十二层为商务办公区，半数以上的办公室可以直通空中花园、景观桥或露台。高塔十三至十八层为个性化精品酒店，客房内拥有宽大的阳台、泳池、浴缸等设施。酒店空中大厅位于建筑最高点。

四栋建筑地下部分相互连通，上部由一个高达 80m 的环境保护罩包覆。每栋建筑都巧妙地与室外花园平台贯通起来，从而可以提供灵动的空间并实现自然通风。环境保护罩采用单层玻璃，屋顶采用 ETFE 半透明膜，呈倾斜三角形。

这是一个融入了先进节能技术的项目，环境保护罩是其中一个亮点。环境保护罩幕墙与单体幕墙之间距离 3m，形成外呼吸式双层幕墙系统。环保罩可感知温湿度的变化、太阳角度和风向；通过温湿度传感器和空气品质感应器，对外幕墙开启部分进行智能控制。双层幕墙可有效组织气流，春秋季可实现自然通风，和楼宇自控系统控制的各种复合通风运行模式。办公区地板送风结合冷辐射吊顶系统。

本项目因实现了城市环境、人文生活与功能、形式、生态技术的高度整合，而获得 LEED 铂金级认证和 2013 年度亚洲建筑师协会"商业建筑金奖"。

建筑专业 • 邵韦平 柳 澎 梁燕妮 李树栋
　　　　　徐 文 何 寰
结构专业 • 束伟农 靳海卿 祁 跃 吴中群
设备专业 • 张 娴 夏令操 王 威
电气专业 • 王禹春 王 宁 陈德悦

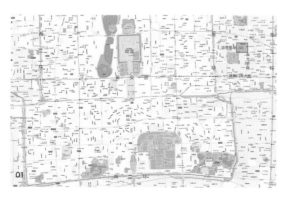

01

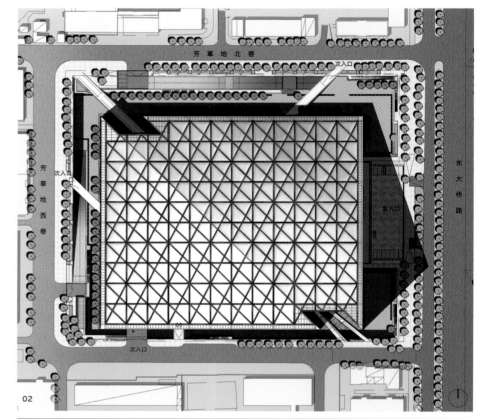

02

03

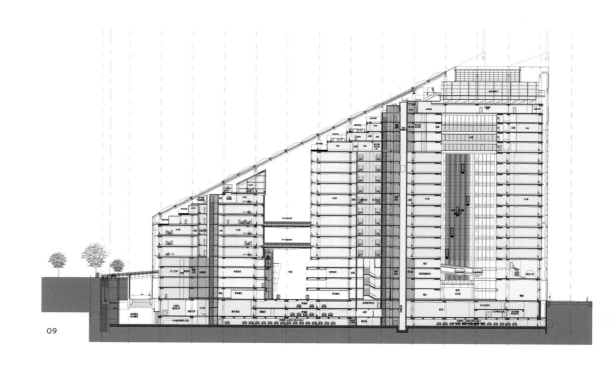

09

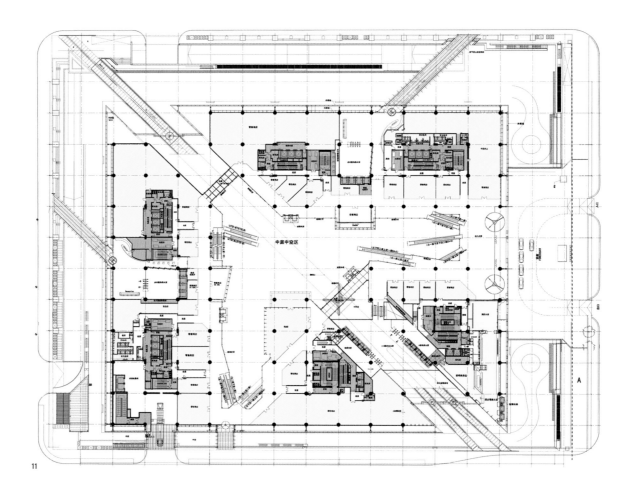

11

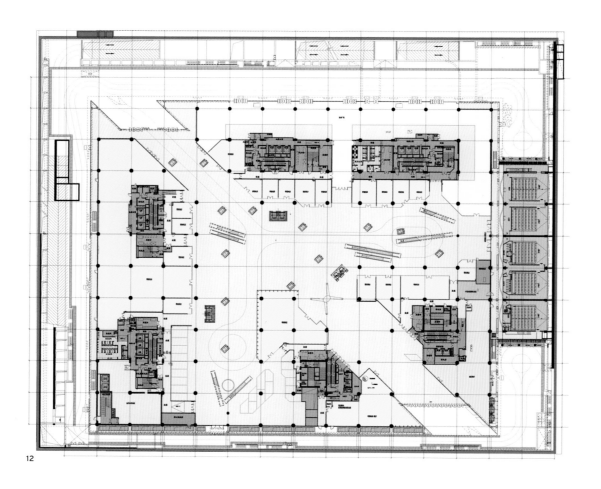

12

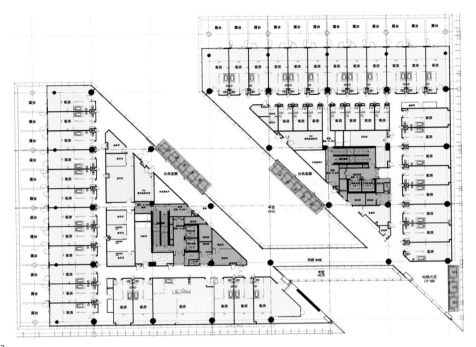

13

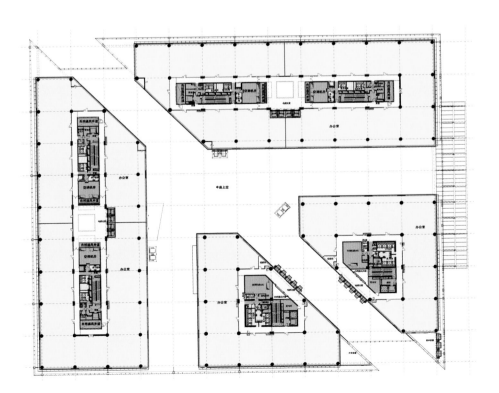

14

银河 SOHO

一等奖 • 综合楼

建设地点 • 北京市朝阳区
用地面积 • 5.26hm²
建筑面积 • 33.01万 m²
建筑高度 • 60.00m

设计时间 • 2010.08
建成时间 • 2012.11
合作设计 • 英国 Zaha Hadid 建筑事务所

方案和外立面技术设计由扎哈•哈迪德（Zaha Hadid）建筑事务所完成。由四个卵型建筑组成，地下一至地上三层为商业、四至十五层为办公。采用大底盘多塔连体结构，多塔建筑之间在不同楼层由连桥相连。商业部分由室内连桥互相连通。每栋办公楼都有自然采光的椭圆形中庭，走廊围绕中庭布置，创造出轻松自然的办公氛围。

建筑在从下至上的不同层面的全方位展开，非线性设计手法营造出壮观的银河系星云状形体。可塑而圆润的体量相互聚结、融合、分离，通过柔软而富于拉伸的天桥连接，从而使四栋建筑富有动感地相互连接、融合在一起。天桥平台的相互错动和位移，产生环绕而流动的室内外空间，形成"银河"内部的独特景观，使形体空间丰富而建筑语言却异常简洁。

BIAD 团队从方案设计阶段介入，在专业整合、细部构造等方面进行了优化设计——采用新的核心筒和周边柱形式，使内部空间得以优化；采用多种技术措施解决复杂的消防安全、结构超规范问题；搭建全专业 BIM 模型，对建筑做了精确的几何控制，有效控制了设计和施工的全过程，保证了建筑效果的实现。该项目获 2013 年英国皇家建筑师学会（RIBA）国际大奖。

建筑专业 • 李 淦　王舒展　蔡 明　闵盛勇　吕 娟
结构专业 • 束伟农　杨 洁　陈 林
设备专业 • 孙成群
电气专业 • 夏令操　沈逸赉　刘 钧
经济专业 • 白喜录　时 羽

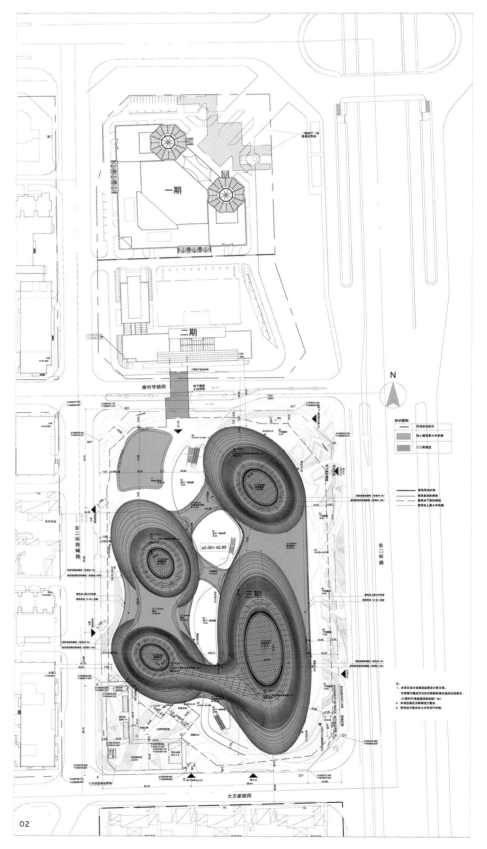

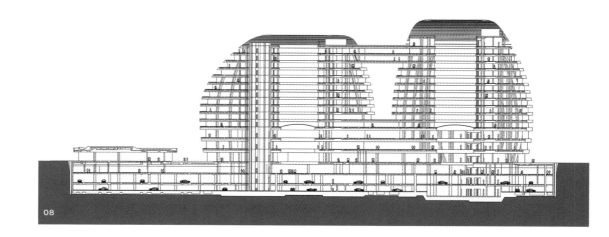

09

10

11

12

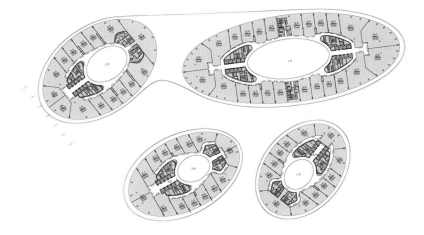

13

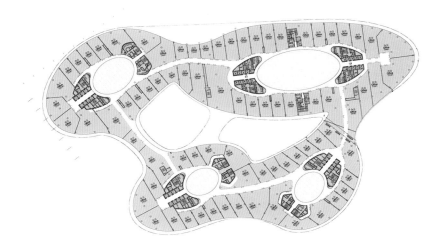

14

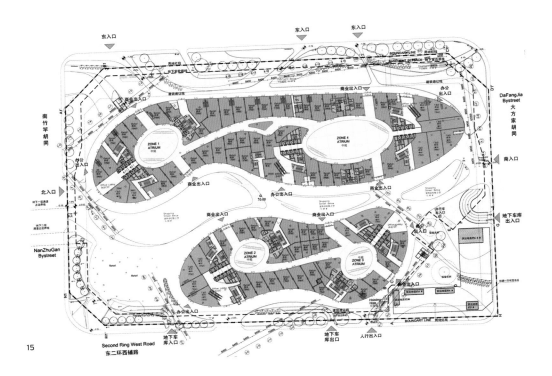

15

全国人大常委会会议厅改扩建

一等奖 • 建筑改造

建设地点 • 北京市西城区　　建筑高度 • 35.20m
用地面积 • 13.10hm²　　设计时间 • 2010.09
建筑面积 • 3.41万m²　　建成时间 • 2012.08

位于人民大会堂内院南侧，南门轴线与现在山西厅东西轴线的交点上。改造后大会堂一区承担国家外事活动，二区承担社会大型活动，三区承担全国人大常委会活动，整体功能得以梳理。

大会堂主体经过多次改造，现状复杂，故通过现场设计，实地勘测，掌握了第一手资料。改扩建在现建筑基础上进行，原内院下挖基础并以大跨度结构跨越保留建筑。机电设计要求特殊，检修保障要求高。

改扩建任务包括会议厅和六个分组会议室。配套的会议室左右对称布局，井然有序。现有圆厅建筑保留一层接待厅，周边改扩建六个分组会议室；三层为常委会会议厅；夹层设旁听席、记者席；四层设备机房；地下一层北侧门厅原人大图书馆改为餐厅。

在有限的空间内完成一系列的大空间布置，各功能连接顺畅，配置合理，浑然一体。充分考虑现有建筑的比例、尺度、材质、立面细部等因素，改扩建后建筑外观、高度以及内部空间与现大会堂融为一体，展示了国家立法机构的严谨规整的格局和恢宏大气的性格。

建筑专业 • 王亦知　徐全胜　虞朋　王靖

结构专业 • 束伟农　杨洁　陈林

设备专业 • 徐宏庆　张铁辉　牛满坡

电气专业 • 孙成群　申伟　吴威

经济专业 • 张鸰

室内专业 • 冯颖玫　顾晶

拆除后改造部分　　　　　现状变形缝为建筑轮廓控制线

02

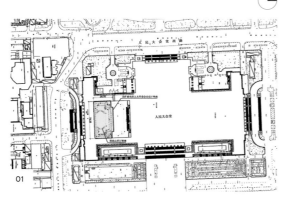

01

03

04

05

北京市纪委监察局办公用房改扩建

二等奖 • 建筑改造

建设地点 • 北京市丰台区
用地面积 • 2.05hm²
建筑面积 • 3.05万m²

建筑高度 • 43.30m
设计时间 • 2007.07
建成时间 • 2009.09

本项目为既有建筑群体的改扩建工程。

新建部分延续旧有建筑格局，与旧有建筑共同构成半围合型布局，中央形成内部院落空间，为工作人员提供休闲绿化广场。建筑东侧新大门面向西三环方向，通过空中连廊，在交通上将新老办公楼完全连在一起，使新旧建筑在功能、空间和形式上得以融合成为统一的整体，出主入口的形象特征也借此得以强化。

建筑整体结构清晰严谨，造型朴实稳重，强调韵律和大的虚实对比，建筑形态在细部表达上比较完整。

建筑专业 • 秦思忠　王建海　郑　慧
结构专业 • 龙亦兵　李　丛　王荣芳
设备专业 • 沈　铮　路东雁
电气专业 • 罗　洁　陈　校　张　勇　马　晶
经济专业 • 朱海峰　李琳琳　张燕囡

01

02

本页 03-04 内院全景　　对页 07 内院全景
　　 05 首层平面图　　　　 08 五层平面图
　　 06 四层平面图　　　　 09 大堂

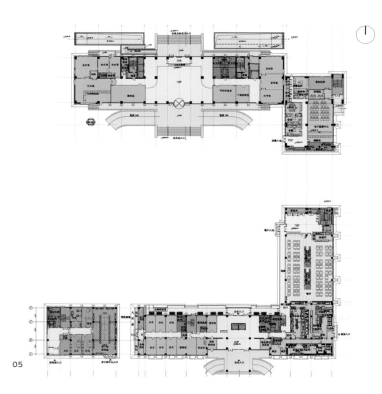

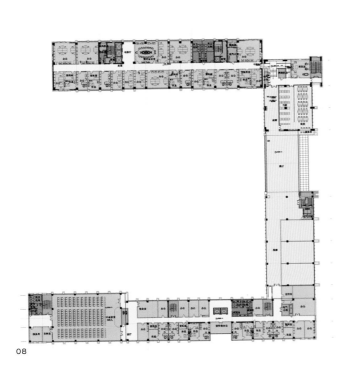

第九届中国（北京）国际园林博览会主展馆

一等奖 • 展览馆

建设地点 • 北京市丰台区　　建筑高度 • 24m
用地面积 • 3.20hm²　　　　设计时间 • 2012.03
建筑面积 • 5.40万m²　　　建成时间 • 2012.08

本案位于北京西南五环外的永定河南岸，为园区规模最大的标志性建筑，东、西、北三面紧邻园博园主轴。通过建筑形式与空间语汇追寻"生命之源，华美绽放"建筑理念。

主展馆以主展厅为源起，螺旋状生长、传播、辐射，最终融合于园区的景观之中，建筑富有动感和张力。

除园博会室内展览外，主展馆还包括配套五星级景观会议型酒店、新闻中心、商贸交流、后勤及安防保障等功能。展会空间以直径70m的中心展厅为核心，次展厅绕此依次展开。中心展厅采用大跨钢桁架屋盖结构，既可以满足大型室内演出需要，又可根据不同的展览需求进行灵活划分。配套服务中心及其他附属空间形态上则处理成由花心发散出花瓣一般的线性空间。

建筑表皮设计也传达与园博会主题一致的信息，将北京市市花月季的影像图案像素化处理成一种抽象肌理，利用参数化软件拼合成单元模块来实现

建筑周边景观与整体建筑相合得相得益彰，取义"花瓣中的山水"；由外及内打造背景密林、景观引道和花瓣内庭三种维度的景观层次。

技术设计贯彻"绿色低碳"理念，采用四十项节能环保技术（包括冷热电三联供能源系统、风光互补能源系统），降低运营费用，实现建筑的可持续发展。

建筑专业 • 陈光　高博　张伟　罗文
　　　　　　冯青　孔繁锦
结构专业 • 于东晖　毕大勇　张莉
设备专业 • 于永明　杨旭　陈蕾
电气专业 • 周有娣　张磊
经济专业 • 张鸽

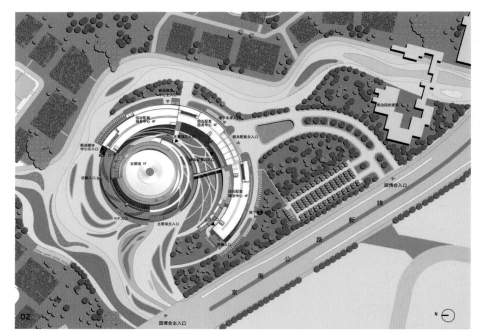

02

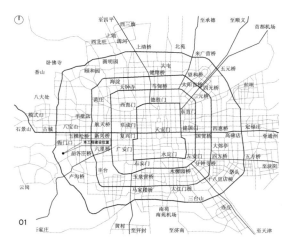

01

03

04

05

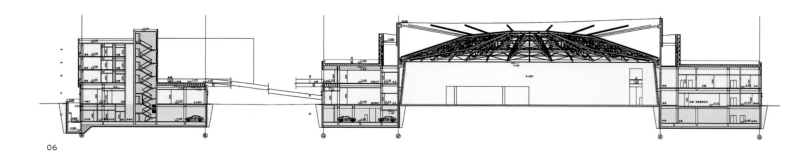

06

07

08

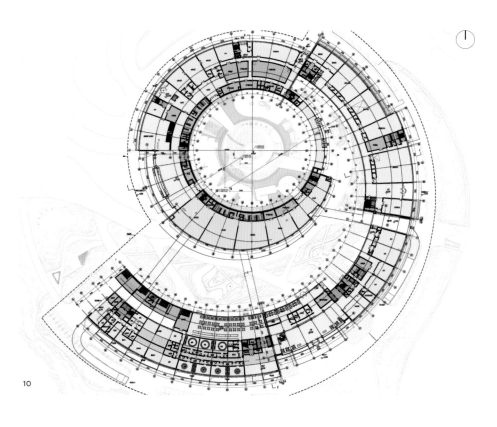

11

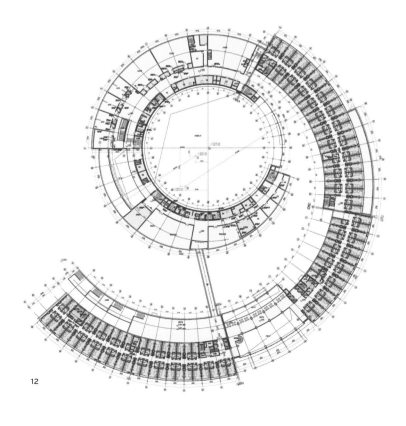

12

西安泾渭新区佳莲集团展示中心

一等奖 • 展览馆　　建设地点 • 陕西省西安市泾渭新区　　建筑高度 • 13.10m
用地面积 • 1.54hm²　　设计时间 • 2011.09
建筑面积 • 0.45万 m²　　建成时间 • 2012.09

本案位于泾渭新区之渭北综合服务区，南临渭河，北侧为规划居住用地，景观条件得天独厚，有较好的展示性及通达性。

建筑布置于基地中央，临城市道路的两侧设置入口广场，形成城市节点。

展示中心共两层（含夹层），首层为展示接待空间，二层及夹层为办公空间。中心内设三层通高的中庭，用于展览及论坛；同时布置了较多的交流空间，体现办公展示建筑的特点。

"依依渭水，悠悠佳莲"。展示中心以"莲"的造型，契合地域和地段的特点，体现企业文化主题，以包容的体量体现企业的宏大气度。

展示中心具有可持续、可变化的外表皮，其铝板外构件不仅可以拆卸反复利用，还可根据需求加以变化，成为独有的标志性符号。

本案建筑、景观、灯光、室内设计一体化完成：以建筑为主体衍生出"华座相簇、玖盏合雍"的主线，把室外景观的曲线延伸到室内地面和顶棚；灯光设置强调莲瓣意向与勾勒景观主线、烘托建筑主体；室内色彩淡雅、莲花状吊顶、二三层穿孔铝板幕墙分隔，使空间景物呈现若隐若现效果。

在结构方面，项目团队对大跨度的中庭梁进行了防连续性倒塌设计；通过钢结构 BIM 模型，方便工厂制作和现场施工安装，并考虑了管线的安装空间。

建筑专业 • 朱小地　林 卫　徐通达　侯新元
结构专业 • 朱忠义　秦 凯　周忠发
设备专业 • 张 辉　俞振乾
电气专业 • 白喜录　时 羽
室内专业 • 张 晋
灯光专业 • 郑见伟
景观专业 • 刘 辉

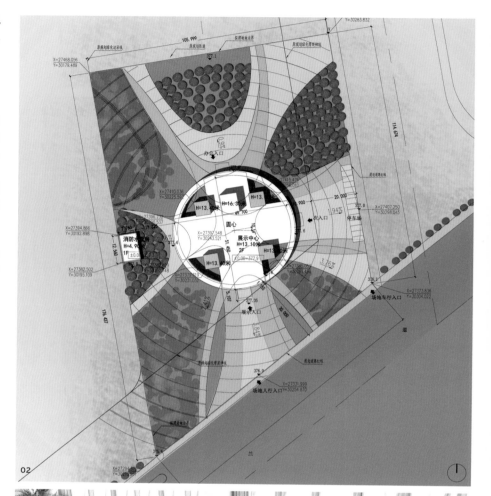

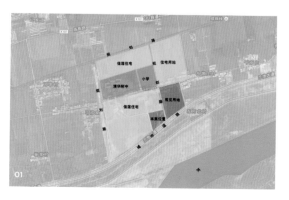

04

05

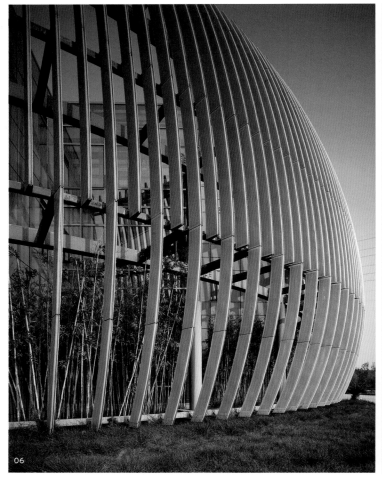

06

07

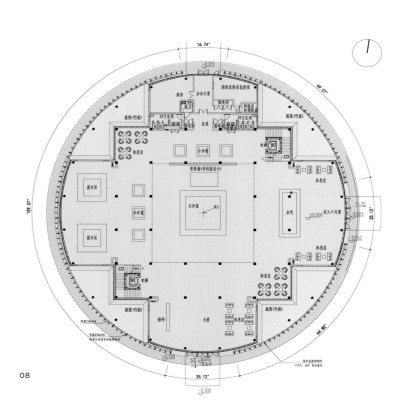

08

09

10

11

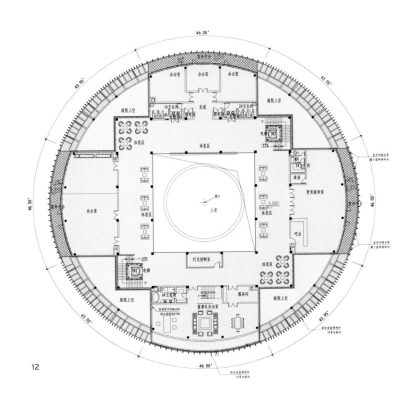

12

潍坊鲁台经贸中心
—— 会展中心

一等奖 • 会展综合体　　建设地点 • 山东省潍坊市潍城区　　建筑高度 • 38.15m
　　　　　　　　　　　用地面积 • 22.43hm²　　　　　　　设计时间 • 2011.12
　　　　　　　　　　　建筑面积 • 12.00 万 m²　　　　　　建成时间 • 2012.04

本案位于潍坊市东北郊，以鲁台经贸洽谈会为依托，规划 10 万 m² 展览中心及 2 万 m² 会议中心。

会展中心主入口面向西侧，停车场位于东、北侧兼室外展场，货运流线设置在东侧。双层展厅标准展位二千五百个，首层展厅设置五个 54m×72m 的无柱空间，净高 12m，可承受荷载 5～8t 的重型展览。上层展厅为 72m×270m 的无柱空间，可分隔为五个小展厅，净高 8～14m，可承受荷载 0.8t 的轻型展览。长期展厅，共三层，位于大厅北侧，可承受楼面荷载 0.5t 的轻型展览。会议中心设有 1200 座剧场式会议厅、800 人宴会厅和 400 人中型会议厅。

设计灵感"驻石守望"来源于海流和岩石，整体充满流线的动感和张力。应用 BIM 设计空间幕墙系统，海岩的效果由菱形的白色金属板造成，富有动感。

结构上，通过屋面桁架、屋面网壳和立面网壳等形成整体，实现了这个复杂的超限工程。

设计注重保护环境、节能减排、降低运营成本，避免使用大面积玻璃幕墙；室外场地采用大孔混凝土技术或渗水砖形成雨水自然回渗；此外，本案采用了地源热泵和太阳能生活热水系统。

建筑专业 • 谢　欣　于　波　彭　岳　彭　琳　禚伟杰
结构专业 • 韩　巍　魏　勇　柯江华
设备专业 • 崔海平　赵　丽　王继光
电气专业 • 张　野　张曙光　温燕波
经济专业 • 高　峰

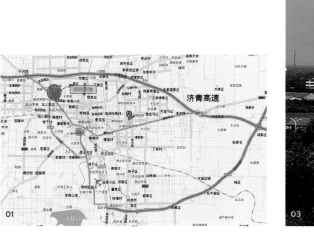

04

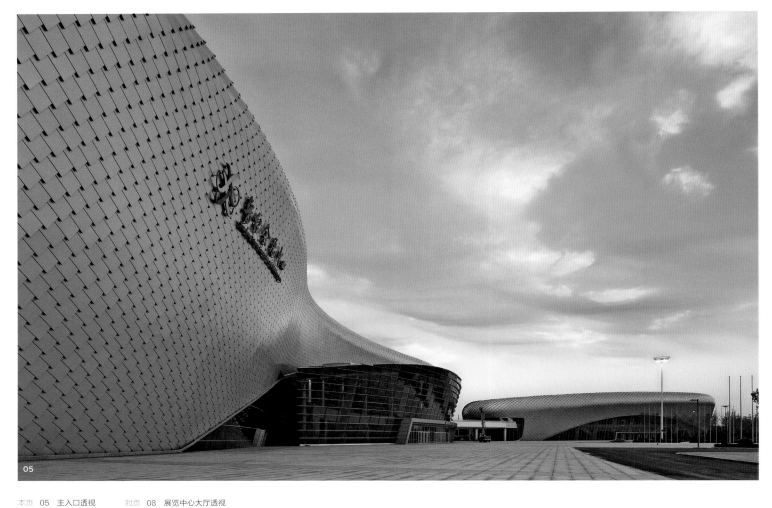

05

本页 05 主入口透视　　　　对页 08 展览中心大厅透视
　　 06 会议中心剖面图
　　 07 展览中心剖面图

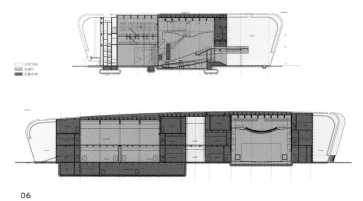

06

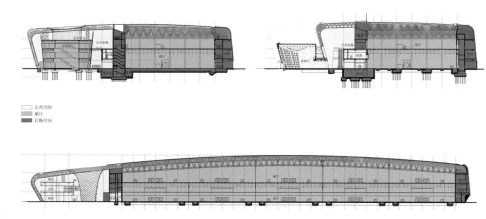

07

08

本页 09 展览中心大厅透视
10 会议中心、展览中心首层平面图

对页 11 会议中心台湾厅透视

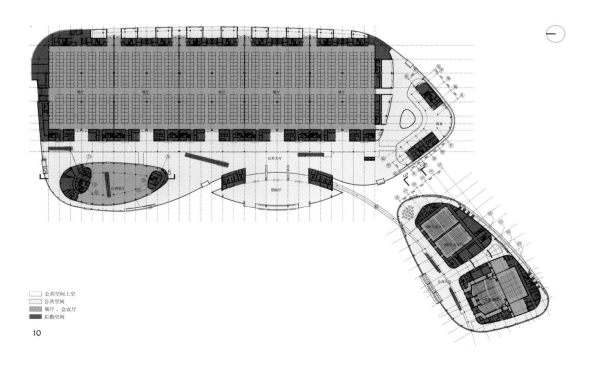

公共空间上空
公共空间
展厅、会议厅
后勤空间

10

11

江宁织造博物馆（南京市）

一等奖 • 博物馆

建设地点 •	江苏省南京市玄武区	设计时间 •	2007.08
用地面积 •	1.88hm²	建成时间 •	2009.11
建筑面积 •	3.71万m²	合作设计 •	清华大学建筑学院
建筑高度 •	17.90m		

本案由 BIAD 与清华大学建筑学院合作设计，原名金陵红楼梦博物馆，地处南京市玄武区核心地段，毗邻总统府、江苏省美术馆、国民大会堂、中央饭店等历史建筑，位于地铁线的交汇处，除在建筑边缘设置地铁出入口外，下沉式广场将博物馆南入口与地铁出入口衔接，并使出入、通风、水电口部融于整体造型风格之中。

博物馆立意以园林为主，以建筑园林再现南京别具特色的山水格局，空间格局借鉴"核桃"及"盆景"模式，现代建筑为"壳"，古典园林为"核"，以山水格局为总体骨架，体现建筑意境之美。建筑空间与园林空间始终相依相傍，交织渗透，使建筑内外皆可游可赏。展览空间设于地下及首层；二至四层设置办公区、餐饮区和学术交流区。

设计将传统文化精髓和现代建筑语汇结合起来，外立面为现代风格，以陶板格栅为符号，隐喻江宁织造所产云锦；同时利用金属网的光影变化，展现亦真亦幻的效果。内立面采用白墙灰瓦的传统风格，用建筑的清淡衬托园林的娇艳婀娜。馆内的古典建筑以木本色代替传统的褐色，营造朴素自然、融合传统和现代的特色。

建筑专业 • 吴良镛　何玉如　王贵祥　朱晓亮　瞿晓雨
　　　　　　吴　晨　苏　晨　梁海欣　段昌莉
结构专业 • 齐　欣　年有增
设备专业 • 胡育红
电气专业 • 张　野　姜青海
经济专业 • 高洪明

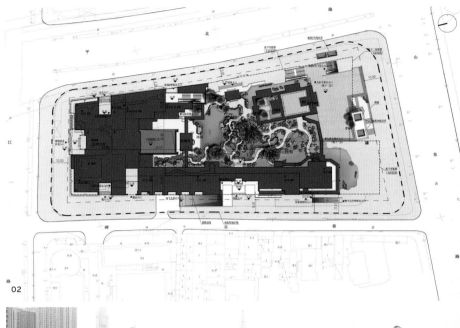

02

03

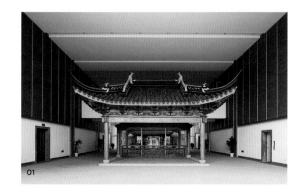

01

04

05

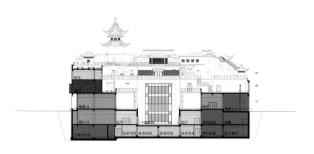

07

展厅
公共空间
办公、藏品库房
文化活动用房
餐饮用房
设备、辅助用房
车库

08

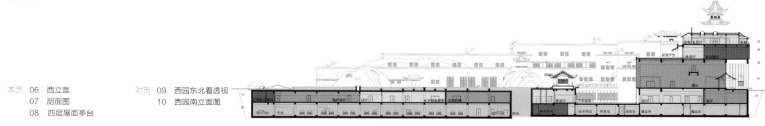

11

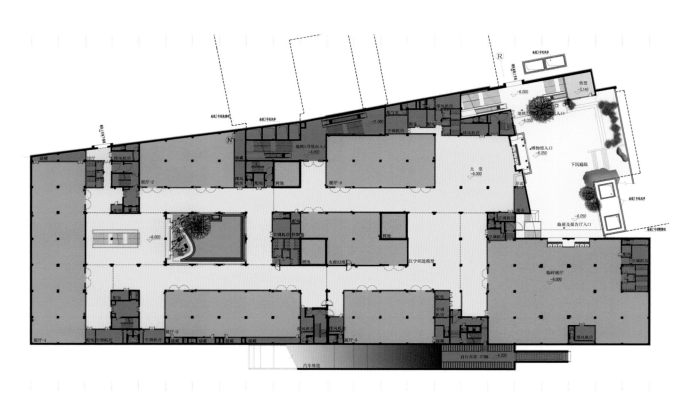

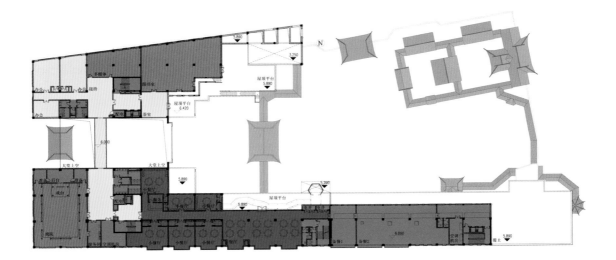

13

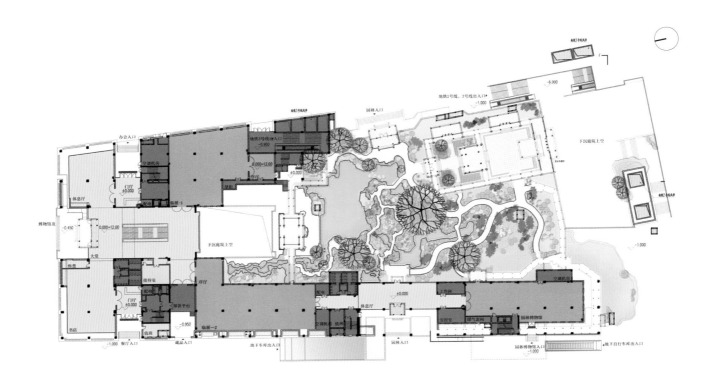

14

河南新乡平原博物院
（档案史志馆）

二等奖 • 博物馆

建设地点 • 河南省新乡市红旗区
用地面积 • 8.84hm²
建筑面积 • 5.26万 m²

建筑高度 • 23.85m
设计时间 • 2009.12
建成时间 • 2010.12

本案位于新乡市新区核心，北侧邻近政府广场，集博物馆、档案馆、史志馆和城建档案馆于一体。其总平面呈弧形展开，依据市政府办公楼的中心轴线对称布局，创造出博物馆的场所感；周围形成开放式广场，突出政府广场庄重、大气、包容的特征，生成"对话"的趣味空间，同时也表达出自身独特的文化气质特征。

本案主入口在二层南北两侧，首层为库房及设备用房，二、三层为展览空间。

以放射状图景表现"华夏之光"，通过竖向线条的石材巨大实体尺度、富于韵律的排列，形成整体气势，寓意新乡是中华文明的发源地。半圆形平面表现"历史年轮"，通过与树的年轮在形态、肌理上的呼应，寓意博物院是城市成长过程的记录者。

设计以匀质的肌理、舒缓的线条为表达方式，利用窗槛、窗台和立柱的有序凹凸变化，丰富了立面；深沉厚重的干挂石材增强了建筑的雕塑效果。

建筑专业 • 党辉军　董晓煜　周永建　罗宇杰
设备专业 • 林　青　李常敏　关志强
电气专业 • 孙学锋
室内专业 • 赵　巍
景观专业 • 杨春时

01

华夏之光

阳光孕育生命，生命承载历史

阳光在新乡这片热土上孕育着一代代英雄，生命在此如同年轮般记载着新乡的发展。

政客起伏的历史……

03 • 博物馆

本页 05 南侧景观随建筑升起近景　对页 07 三层平面图
06 剖面图
08 二层平面图
09 首层平面图

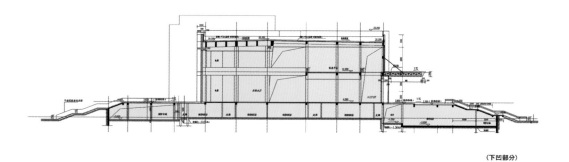

（下凹部分）

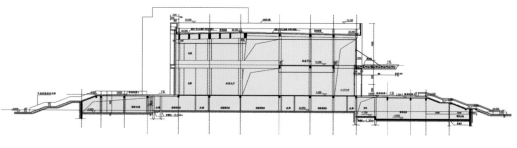

06

（突起部分）

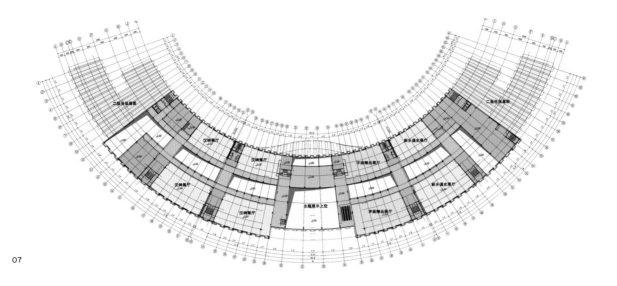

07

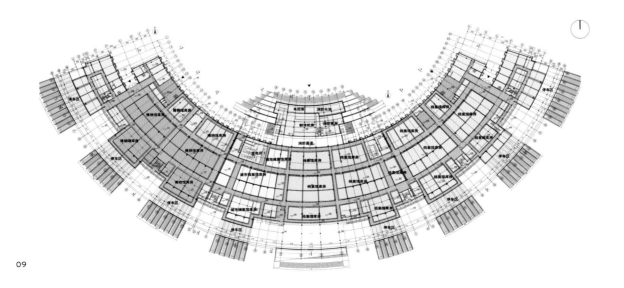

08

09

西双版纳避寒皇冠假日度假酒店（一期）

一等奖 • 旅游酒店

建设地点 • 云南省西双版纳傣族自治州
景洪市曼弄枫片区

用地面积 • 25.31hm²

建筑面积 • 9.25万m²

建筑高度 • 22.96m

设计时间 • 2011.06

建成时间 • 2012.04

超五星级度假酒店，地域文化浓郁与环境景观优越是本案主要的优势。

建筑采用分散式布局以削弱较大体量对环境的不利影响，利用地形、地势的起伏布局各功能空间。

酒店前区为餐饮和佛寺构成的民族风情街、水娱乐中心、会议区和穿插其间的环境景观形成建筑的核心区，公共部分于基地西侧渐次展开。客房楼呈指状延伸向自然环境，建筑与自然环境充分结合，尺度宜人。傣庙等宗教元素融入建筑风格，丰富了空间层次和建筑细节，与富于亲和性的材料表现共同营造出地域性突出的民族风情。

建筑专业 • 黄新兵　吴英时　赵永刚　董　宁　李西南
结构专业 • 周　钢　张　然　肖　捷　沈凯震
设备专业 • 沈逸贲　宋学蔚
电气专业 • 孙成群　郭　芳
经济专业 • 李　菁

02

01

03

04

05

06

07

本页
06 K栋大堂主塔特写
07 总统别墅外景
08 J栋会议宴会中心剖面图

对页
09 K栋大堂室内空间
10 K栋大堂全日餐厅室内
11 J栋会议中心前厅室内

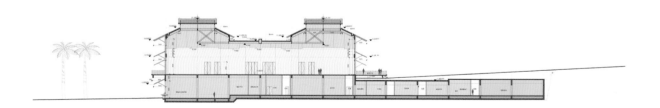

08

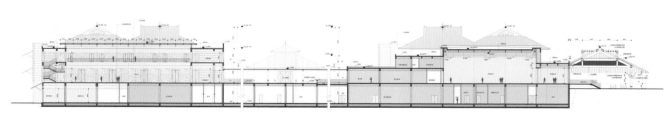

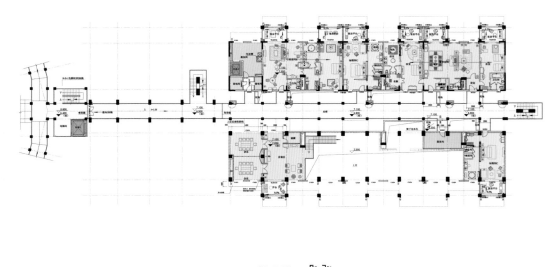

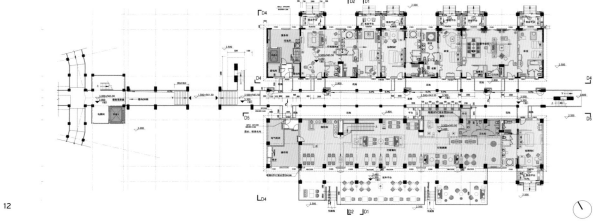

12

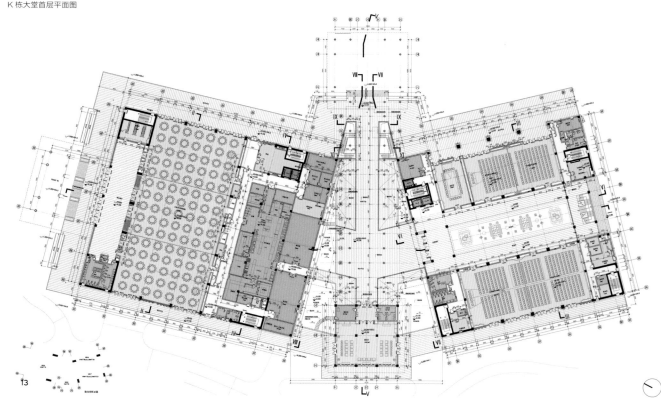

13

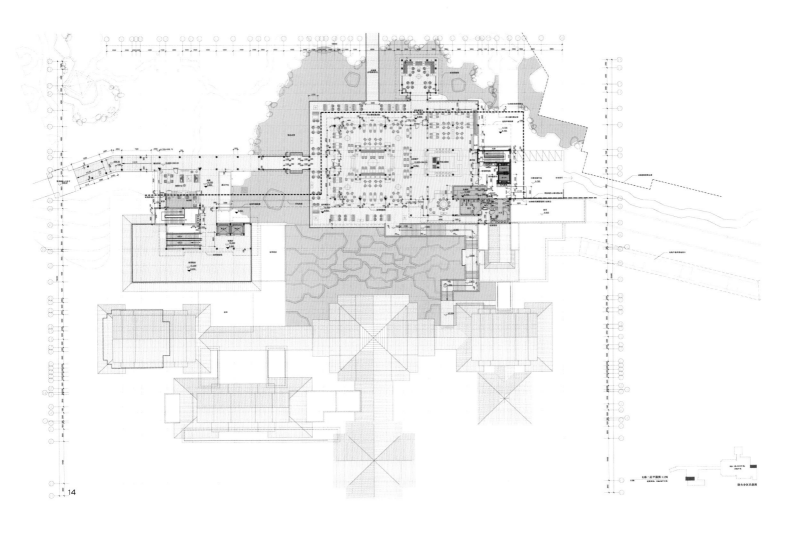

14

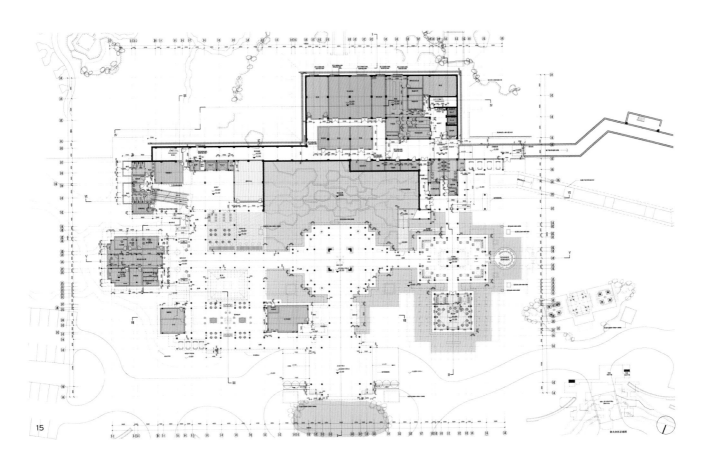

15

长白山国际旅游度假区南区万达假日酒店及商业街

二等奖 • 旅游酒店

建设地点 • 吉林省长白山市抚松县
用地面积 • 20.64hm²
建筑面积 • 13.49万 m²

建筑高度 • 24.00m
设计时间 • 2011.09
建成时间 • 2012.05

万达假日酒店及商业街是长白山国际旅游度假区的核心设施，以体育、健身、休闲、旅游、会议为主要功能。

本案设计从功能特点和环境特点出发，结合然环境条件，依山就势，分散式布局。建筑以体量小型化贴近人体尺度，建筑材料、色彩也力求体现建筑与自然的融合，共同营造生活的自然情趣。

建筑专业 • 侯新元　韩　薇　张燕丽　李　旎
　　　　　　张雪轶　徐通达
结构专业 • 徐　东　孙传波　高　金
设备专业 • 俞振乾　张　辉　王　芳
电气专业 • 白喜录　穆晓霞　王瑞英

本页 05 IK 楼内街内街景　　　对页 09 滑雪吧室内
　　　06 局部客房　　　　　　　　　10 二层组合平面图
　　　07 宴会厅外景
　　　08 首层组合平面图

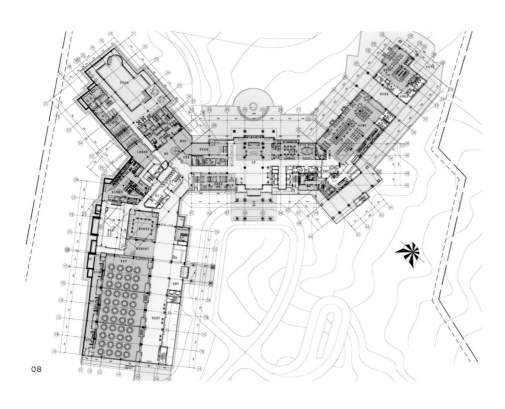

09

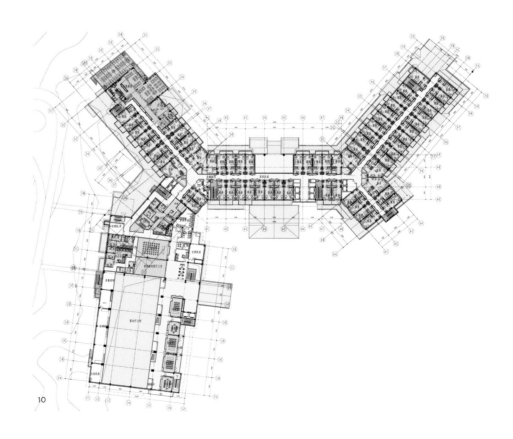

10

龙沐湾国际旅游度假区花园酒店

二等奖 • 旅游酒店

建设地点 • 海南省三亚市乐东黎族自治县
用地面积 • 7.66hm²
建筑面积 • 6.63万 m²
建筑高度 • 21.5～21.8m

设计时间 • 2011.08
建成时间 • 2012.12
合作设计 • 美国骏地建筑设计事务所（JWDA）
深圳公司

本项目为海南岛家庭休闲度假的中端酒店建筑群，采用西班牙式建筑风格。

项目主要包括酒店主楼、SPA会所及多栋客房楼，一条人工运河自东向西从建筑群之间穿过。

设计从功能定位出发，充分利用优越的自然环境条件，建筑群采用分散式布局，建筑体量较小，尺度宜人。以内河景观为中心，向南北辐射花园式景观绿化，并辅以变化丰富的空间组合，营造出轻松的整体氛围。

建筑专业 • 张 俭 胡 昕 吴 莹 齐鸿儒 沈 荻
结构专业 • 王皖兵 柳颖秋 戴羽冰
设备专业 • 薛沙舟 李 丹 葛 昕 宣 明
电气专业 • 骆 平 刘 洁 李 超

01

02

商业
会所
五星酒店
滨海别墅
全套房度假酒店
高尔夫公寓
公交车站

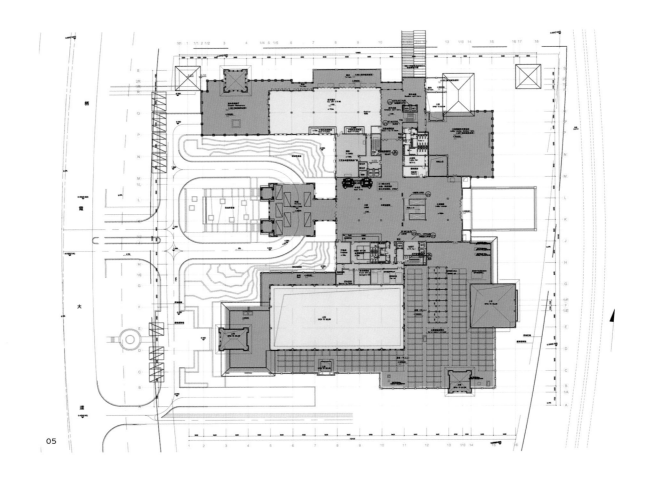

05

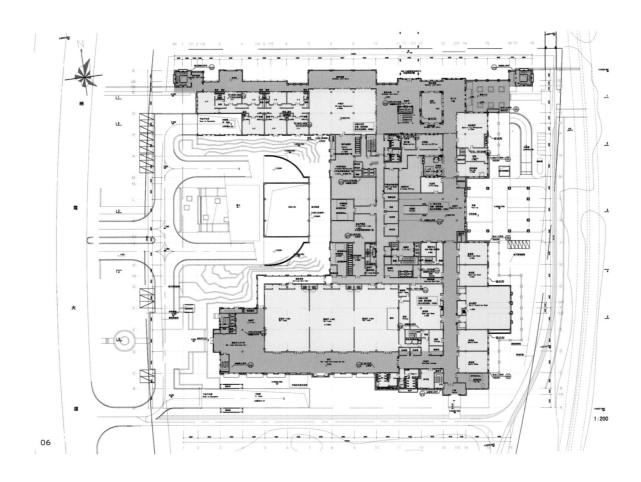

06

1:200

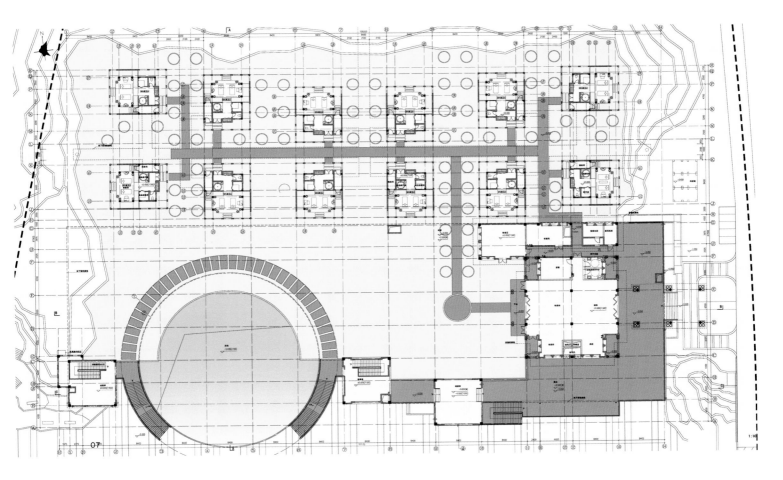

07

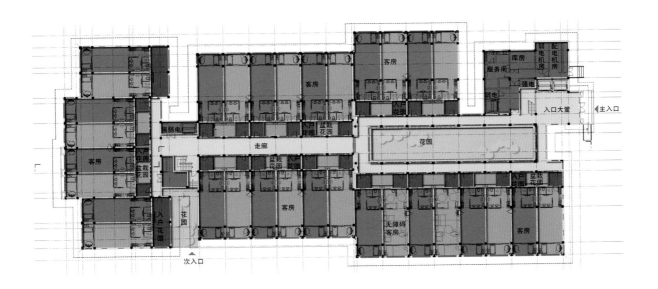

08

微软公司中国研发集团总部

一等奖 • 总部办公

建设地点 • 北京市海淀区 设计时间 • 2009.06
用地面积 • 1.17hm² 建成时间 • 2011.03
建筑面积 • 14.87万m² 合作设计 • B+H建筑师事务所
建筑高度 • 79.90m

本案由BIAD与B+H建筑师事务所合作完成建筑及装修设计。设计从规划层面出发，意图为微软创造城市园区的工作氛围。公共绿地被作为园区的核心，向市民和微软员工开放，以强化微软和城市的紧密关联。两栋大楼的核心筒也被安排在靠近公共绿地的一侧，人行天桥既是连接通道也是一个立体的对外展示舞台。

建筑材料以玻璃幕墙、金属墙板和石料为主，突出其现代气息。建筑内部穿插以"共享"为主题的空中花园。花园处的玻璃幕墙相对透明，向城市展现其内部的空间环境和行为活动。每栋楼的四个楼梯同样作为展示的窗口被有意地暴露出来，这已成为微软研发机构的一个显著外在特征。

建筑设计从城市设计入手，注重与城市环境的融合，在强调内部功能实用性的同时也创造了开放性和趣味性。

建筑专业 • 董 晨 韩媛媛 周永生 朱 冉
结构专业 • 李 婷 杨 勇 黄中杰 李志武
          贺 阳 陈 栋
设备专业 • 李常敏 王 维 张 璇
电气专业 • 孙学锋 刘 烨

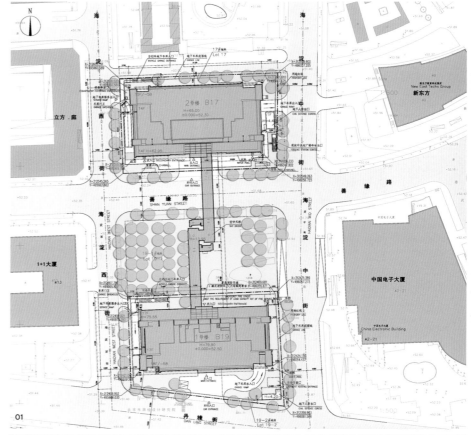

01

02

03　人视点建筑夜景

本页 04 建筑入口　　对页 07 室外景观
　　 05 休息空间
　　 06 剖面图

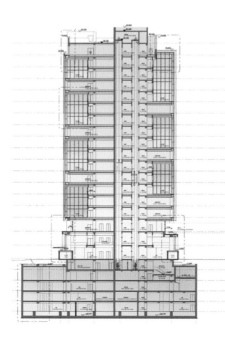

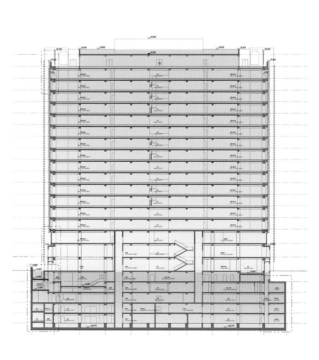

08

09

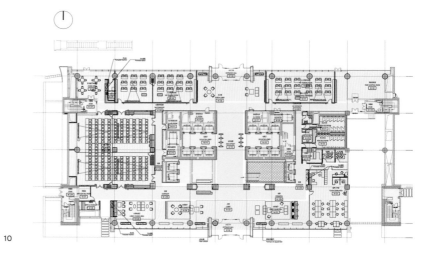

10

11

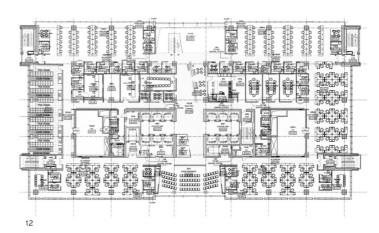

12

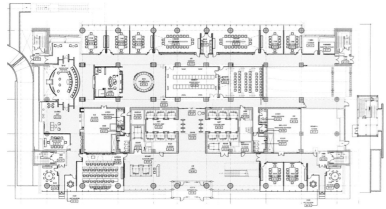

13

国家开发银行

一等奖 • 金融办公

建设地点 • 北京市西城区　　建筑高度 • 51.35m
用地面积 • 2.00hm²　　　　设计时间 • 2011.05
建筑面积 • 14.96万 m²　　　建成时间 • 2012.12

本案地处长安街西段，特定的环境条件、功能定位和企业文化为建筑设定了基调。

设计表达出对中国传统建筑文化和木构建筑的敬意，以"城"与"院"的手法构建其城市形象，响应周边的环境条件，延续城市肌理；以"柱"和"间"的概念形成建筑空间和形式的基本架构。建筑外墙采用单元式呼吸幕墙系统，双层幕墙之间设置智能调节的遮阳百页系统，部分设置平行开启窗。通过对现代办公理念解析和现代建造技术的运用，在传统形式的框架内引入现代化的生活方式，呈现出一座代表特定场所、特定身份的具有中国特色的现代化银行办公楼。

建筑专业 • 徐 健　杨 彬　苑 松　胡帼婧　胡 昕
结构专业 • 徐 斌　王雪生　金 苹
设备专业 • 徐宏庆　薛沙舟　陈 盛
电气专业 • 骆 平　杨一萍　刘会彬
经济专业 • 宋金辉

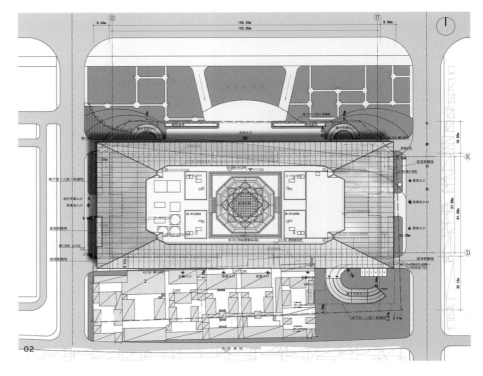

02

01

03

04

05

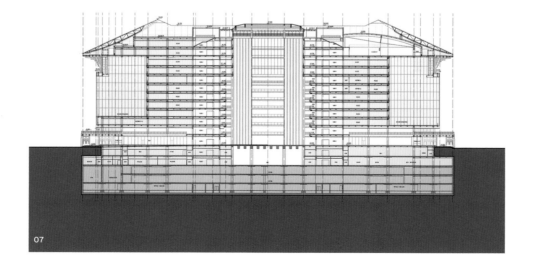

08

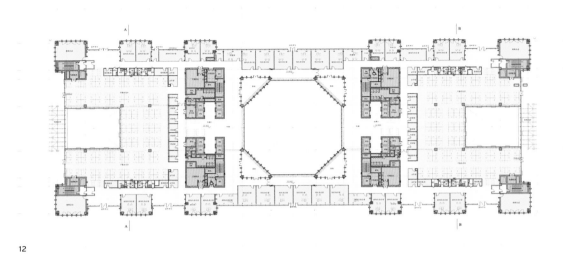

12

13

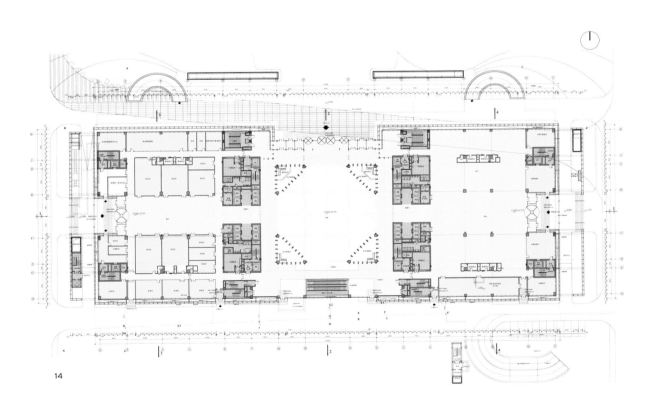

14

中国网通科研中心
（亦庄二期）

一等奖 · 科研办公

建设地点 · 北京市大兴区
用地面积 · 8.45hm²
建筑面积 · 7.66万 m²

建筑高度 · 46.60m
设计时间 · 2010.04
建成时间 · 2011.12

本案位于亦庄经济技术开发区，是通信枢纽综合性建筑，集网管运营研发、信息管理等功能，兼有共享服务展示区、会议区和办公区，并提供对外业务服务。

平面"目"字形布局，分四区立八筒，实现了秩序规整的交通集散组构流程、四区协调的功能单元和中央共享服务区，无走道设计提高了平面使用率。

首层大厅占三层，首层四区设四个边厅；四层设会议区；二至五层 IDC 机房封闭；六至九层为科研办公区，工作区空间 36m×18m，层高 4.5m，南北向采光通风，视野舒展。

设计遵循建筑与景观并重的设计原则，由界面区别室内外不同空间属性。以下沉庭园形式贯通东西纵长，形成景园主线。露台、屋顶庭园和建筑台基，与建筑形成通达、立体的有机互构，关联共生，供员工室外休憩交流。

建筑立面采用三分法分段，顶部叠涩外挑，底座植绿台基。建筑体态横竖分格形式隐含建筑平面格局，内外立柱施以柱础。外窗以上下楣窗隐后开启，前置百页，加强对立面视窗整体效果控制，并以光带后置夜景照明。

建筑专业 · 李承德　甄栋　李春燕
结构专业 · 袁立朴　刘向阳　刘容　郑珍珍　高巍
设备专业 · 乔群英　徐啸　赵彬彬
电气专业 · 姚赤飙　沈洁　李震宇
经济专业 · 张广宇

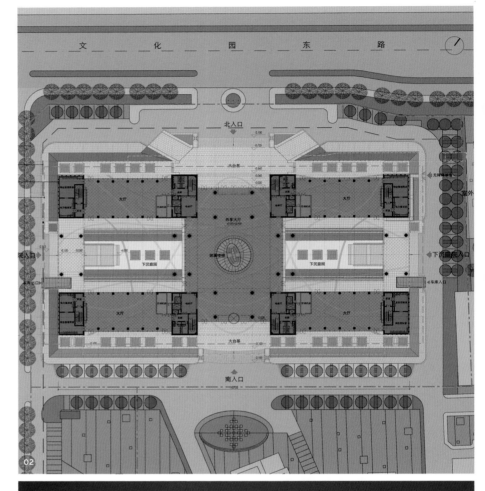

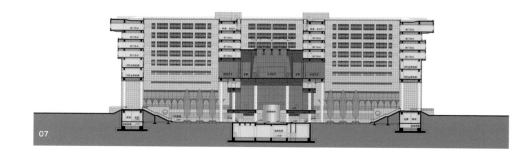

09

10

11

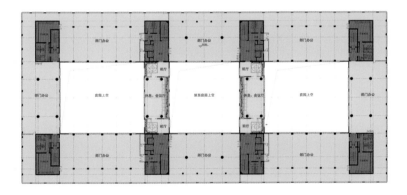

12

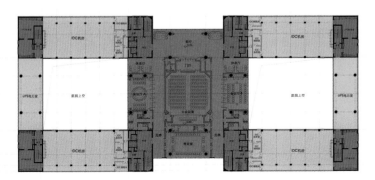

13

北京市民用飞机技术研究中心101号科研办公楼

二等奖 • 科研办公

建设地点 • 北京市昌平区　　建筑高度 • 36.00m
用地面积 • 2.54hm²　　　　设计时间 • 2011.02
建筑面积 • 3.37万m²　　　建成时间 • 2011.12

建筑总平面为对称格局，围合形成大片中央绿地。建筑单体平面呈"H"型对称布局，东西两翼为辅助功能区；中间为共享大堂，两侧设置核心筒，上部设行政办公区。平面功能分区简单明确、便捷合理。

建筑体型工整，设计严谨、内敛，强调秩序感，体现出科研单位务实、高效的特征。

建筑专业 • 叶依谦　是震辉　李　衡
结构专业 • 李　婷　杨　勇　鲁　铮
设备专业 • 祁　峰　刘　弘
电气专业 • 汪　猛　刘志超　段　茜　杨　萌
经济专业 • 高　峰

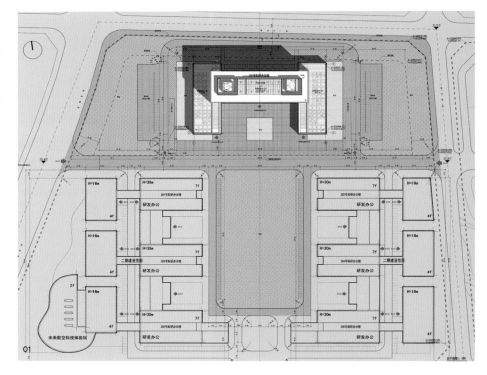

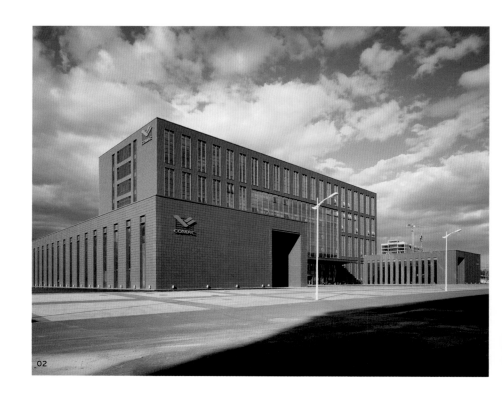

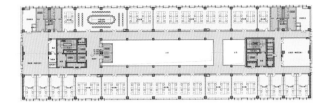

07

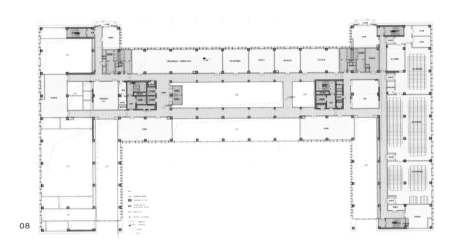

08

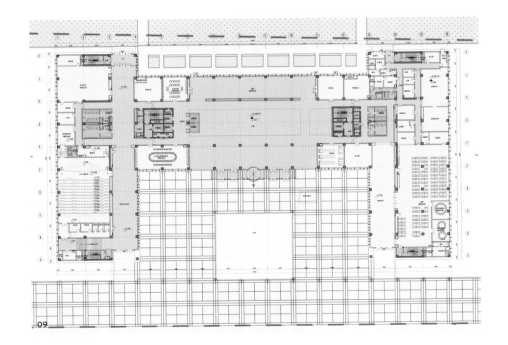

09

航空工业信息中心科研办公楼

二等奖 · 科研办公

建设地点 · 北京市朝阳区   建筑高度 · 45.00m
用地面积 · 1.15hm²   设计时间 · 2010.07
建筑面积 · 5.30万 m²   建成时间 · 2012.11

由日照条件引发的造型——本案结合特定场地条件下的日照要求，大量运用体块穿插、切削、折叠等手法处理建筑形体，意图以航空飞行翼的概念来体现航空工业的特性。

建筑立面运用竖向线条，局部采用大面积玻璃幕墙，变化丰富但略显复杂，形体、空间及其技术实现的整合仍可优化。

建筑专业 · 陈 光　孙 静　张 伟　钟 京　刘海平
　　　　　　田 宁　杨晓钟
结构专业 · 于东晖　鲁国昌　魏 宇
设备专业 · 王 新　陈 蕾　孙成雷
电气专业 · 周有娣　任 重

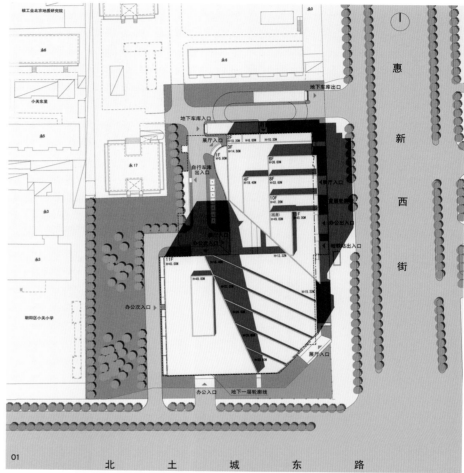

01

02

03

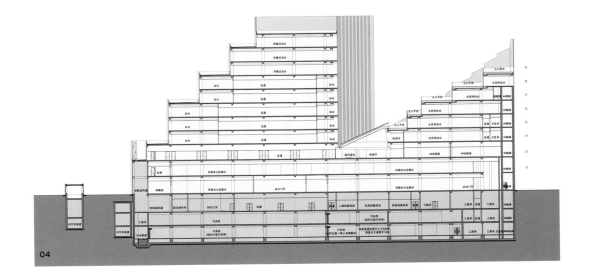

04

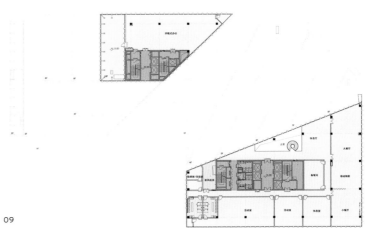

09

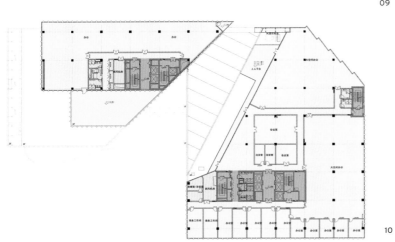

10

西安曲江文化创意大厦

二等奖 · 商务办公

建设地点 · 陕西省西安市曲江行政商务区
用地面积 · 0.98hm²
建筑面积 · 6.11万 m²

建筑高度 · 99.80m
设计时间 · 2010.01
建成时间 · 2012.09

本项目位于曲江新区文化产业孵化基地，主要有两种业态：主体塔楼为标准写字楼；裙房则为可彼此连通又可相对独立使用的创意办公空间，满足室内外空间特殊需要。

项目基地为不规则的三角形，可建设区域狭小局促。塔楼布置在宽敞的西北角，以减少对北侧建筑遮挡，留出视线走廊，使大厦从各个角度都能呈现挺拔的姿态。裙房沿基地南北两侧布置，所围合出来的首层内院和二层景观平台，既是建筑室外空间，满足自身的休憩、交通和景观的需求，也是"城市客厅"，为城市提供公共空间和场所。架空、下沉的手法使裙房与底部空间浑然一体，室外空间丰富，减弱了高层建筑带来的距离感和冷漠感。

二、三层局部为单层双向索网玻璃幕墙。裙房内层采用隐框式玻璃幕墙，外层竖向白色铝合金遮光格栅，格栅与玻璃幕墙保持水平距离，突出建筑立面的肌理感。

建筑专业 · 孙 勃　韩梅梅　闫建新　李瀛洲
结构专业 · 雷晓东　刘 硕　宋春阳
设备专业 · 赵金亮　张 杰　黄 晓
电气专业 · 裴 雷　夏子言　韩京京
经济专业 · 窦文苹

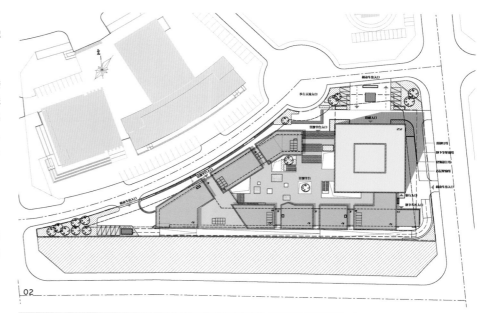

02

01

03

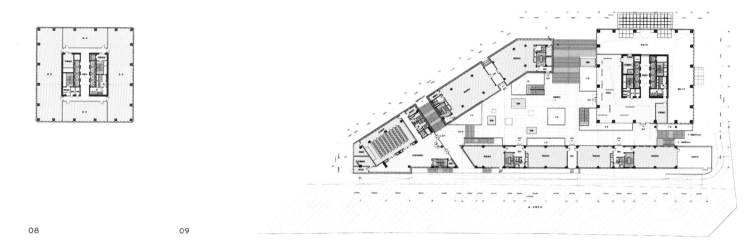

08

09

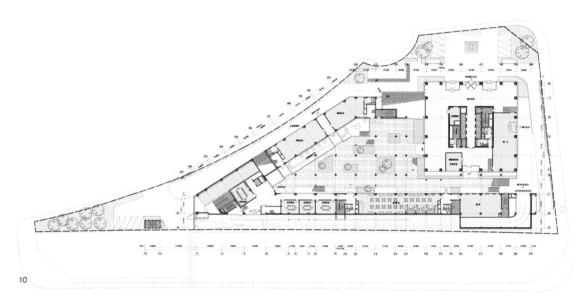

10

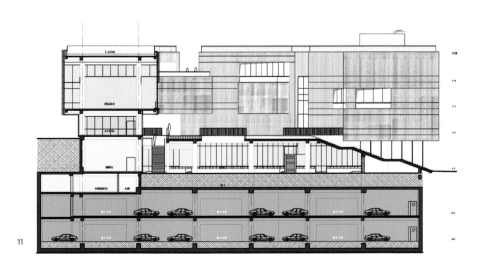

11

平谷管理中心

二等奖 • 总部办公

建设地点 • 北京市平谷区　　建筑高度 • 12.00m
用地面积 • 6.32hm²　　　　设计时间 • 2011.12
建筑面积 • 2.44万m²　　　建成时间 • 2012.03

本项目位于平谷区大华山镇，处于谷泉会议中心最南侧，分"办公、后勤"两个区域。办公区位于中部，另有八十个住宿间。后勤区位于北部，方便与谷泉会议中心联系。

基地地形起伏大，最大高差67m。用地位于山谷谷底附近，地势北低南高，内有自然冲沟。设计原则为"顺势随形，自然生长，保护环境，确保品质，避免灾害"，依山就势布局，减少土方工作量，减少对植被和水土保持的破坏；设置挡土墙和护坡，固化地形，减少灾害。

建筑总体氛围与周围环境相协调，小体量形体，自然布局，塑造灵活自然的山地建筑形态。造型语言形体和构件相结合，使建筑与山地自然结合。青砖、毛石和木材等材料的应用，使建筑立面朴素庄重而不失趣味。

采取多种技术措施实现低碳园区和低碳建筑，注重采用当地建筑材料、水源热泵，减少能耗。

建筑专业 • 张　宇　金卫钧　李　军　田卓勋　白文娟
结构专业 • 袁立朴　刘向阳
设备专业 • 韩兆强　曾　源　胡　宁
电气专业 • 王　权　吴　飞

01

02

03

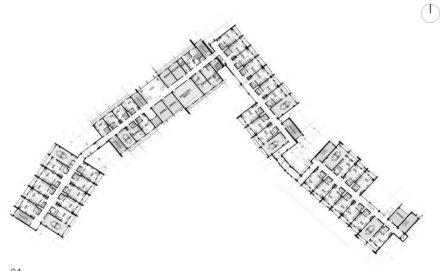

04

07

08

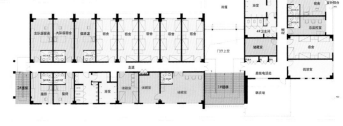

09

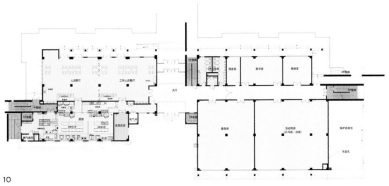

10

北京市景山学校
大兴实验学校

一等奖 • 中小学

建设地点 • 北京市大兴区　　建筑高度 • 18.75m
用地面积 • 3.89hm²　　　　设计时间 • 2011.05
建筑面积 • 2.50万 m²　　　建成时间 • 2011.07

建筑以教学楼为主体，分为小学部和中学部两部分，建筑构型采用统一的布局手法以强调建筑的整体性。操场看台与教学楼一体化设计，使整个建筑群体呈单元式重复布局的结构序列，形成鲜明的形式秩序和节奏。

建筑色彩鲜明，富于形式感，建筑语汇呈现出明显的构成风格，细节设计使建筑群体在统一中展示出校园建筑的活泼性格。学校的室内设计也由建筑师完成，进一步延续了室外的节奏和构成方式。

建筑专业 • 解　钧　李　军　王　征　田卓勋
结构专业 • 盛　平　高　昂
设备专业 • 王　毅　王思让
电气专业 • 许　群　王国君

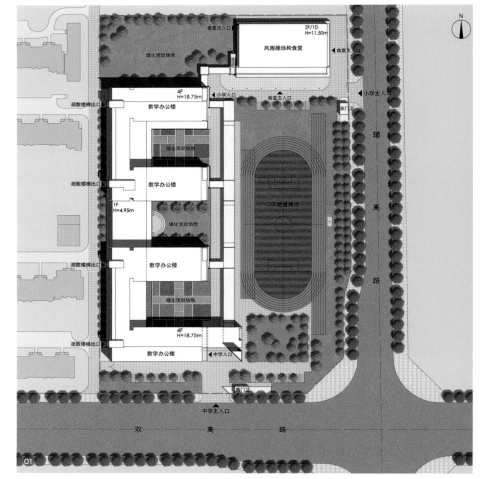

05

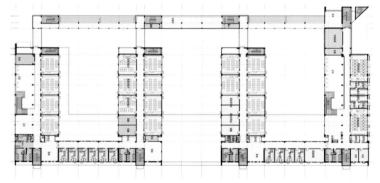

06

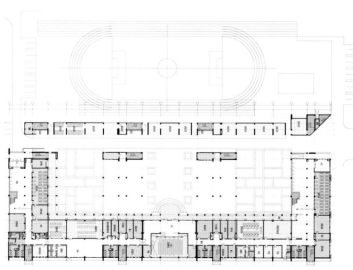

07

09

清华大学综合科研楼
一期1号楼

二等奖 • 高等院校

建设地点 • 北京市海淀区　建筑高度 • 45.00m
用地面积 • 0.87hm²　设计时间 • 2010.06
建筑面积 • 4.55万 m²　建成时间 • 2012.12

建筑主体为双板式建筑布局，南向为小进深，适用于教师办公研究用房；北部9.9m大进深，设置实验用房及核心筒。采用模块化方法，根据不同科研项目的需求可组合成扩大模块，进而形成不同规模的科研单元，对未来的灵活使用提供了更多可能性。双板之间形成半围合庭院，利用下沉庭院合理开发地下空间，处理手法细腻，营造出尺度适宜的公共交流与活动空间。

每栋板楼利用红白对比划分为两片，以适度缩小体量，增加建筑层次，与校园整体尺度及环境色彩取得了较好的呼应。

建筑专业 • 李亦农　孙耀磊　马立俊　李 慧　侯 博
结构专业 • 王 浩　郑 辉
设备专业 • 吴宇红　战国嘉　赵永良
电气专业 • 程春辉
经济专业 • 许 立　张 标
室内专业 • 冯颖玫　顾 晶

05

06

07

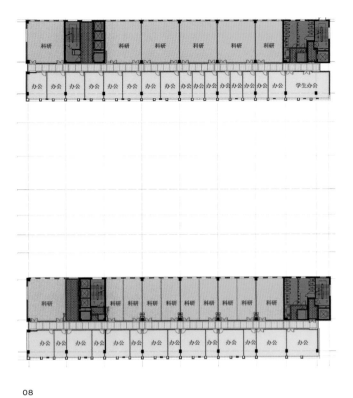

08

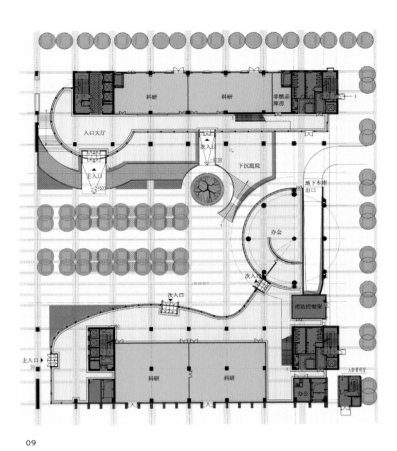

09

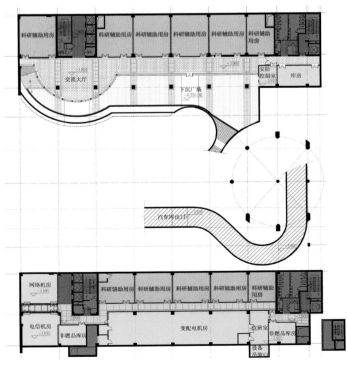

10

北京服装学院艺术教学楼

二等奖 • 高等院校

建设地点 • 北京市朝阳区
用地面积 • 8.52hm²
建筑面积 • 3.16万m²

建筑高度 • 45.00m
设计时间 • 2009.08
建成时间 • 2012.08

总平面根据地形呈"L"型布局，与西侧现状建筑围合成内部庭院，平面简洁紧凑，使用率高。建筑空间布局强调对功能使用特性的适应性，首层和二层为展厅、表演厅，空间处理注重多功能的融合共享，并与周边环境形成良好的呼应和借用；三、四层利用屋顶平台形成内向型教学区，创造出静谧而便于交流的学习环境。

立面采用平板和拉毛板不同肌理的GRC挂板，通过混凝土和幕墙玻璃的材质对比、较深的窗洞阴影，刻画出强烈的雕塑感和文化韵味。

建筑专业 • 金卫钧　吴剑利　李晓路　王　征
结构专业 • 王立新　葛　华
设备专业 • 刘纯才　王力刚　马月红
电气专业 • 张瑞松　陈　莹　张　争

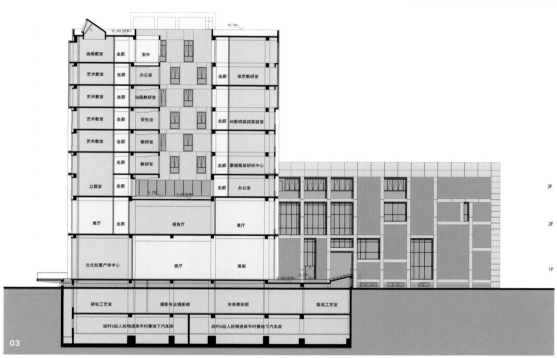

03

04

05

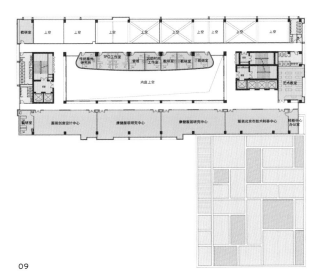

09

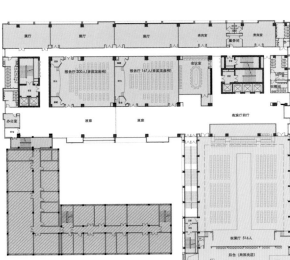

10

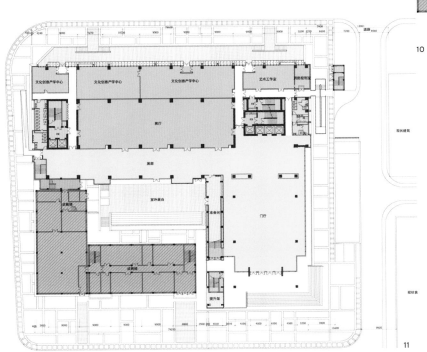

11

北京市盲人学校

二等奖 • 职业教育

建设地点 • 北京市海淀区
用地面积 • 2.97hm²
建筑面积 • 2.12万 m²

建筑高度 • 21.65m
设计时间 • 2008.12
建成时间 • 2011.01

该校为北京市区唯一正规的视障学生学校，也是中国最早的特殊教育学校，前身为"瞽叟通文馆"，由苏格兰人威廉创建于1874年，1921年学校迁至海淀区五路居现址。

项目北侧为教学区；南侧保留食堂，接建风雨操场，新建运动场。连廊分隔运动场和教学楼，避免干扰。院落式的教学楼，功能紧凑，联系便捷；本案通过设计多视角、多体验的中心院落，创建园林化环境。

建筑风格寻求传统和现代的契合，体现百年老校的历史积淀，处处唤起视障学生对生活的参与意识。打造可触摸的建筑、可感知的空间，成为视障人"看"得见的家，如：创造丰富的光感和声感空间，多方位地增进盲生与户外环境的接触和感知；注重满足视障人的行为需求、心理需求，利用室内空间的收放、不同性能吸声材料的运用，降低噪声，使盲人可以辨别细微的声音差别，以确定方向和位置；室内通过光影强弱帮助视障人对环境的认知；多设置采光天窗、天井，提高室内照度和采光均匀度；采用无障碍设施，可触摸、可更换的房间标牌；地面材质的区别，表示行走区和停留区；室外设慢坡取代台阶；行走区、停留区、连廊和步行路都通达，通过铺砌材质加以区分；语音导航等专用系统设计到位。

建筑专业 • 王 炜 陈 华 杨 帆 张晨肖 樊则森
结构专业 • 郭立军 陈 彤 王立涛
设备专业 • 王 颖 陈 静 田 丁 石 卉
电气专业 • 蒋 楠 林 骥

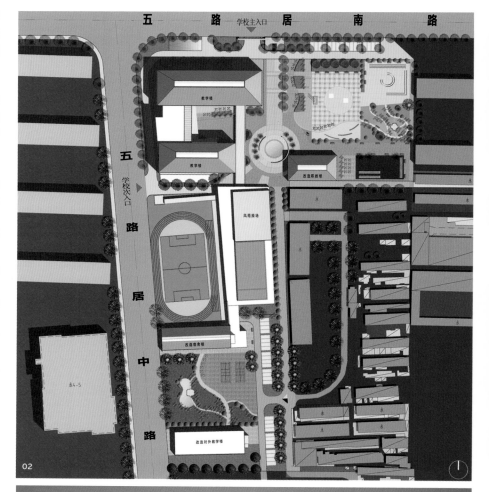

02

01

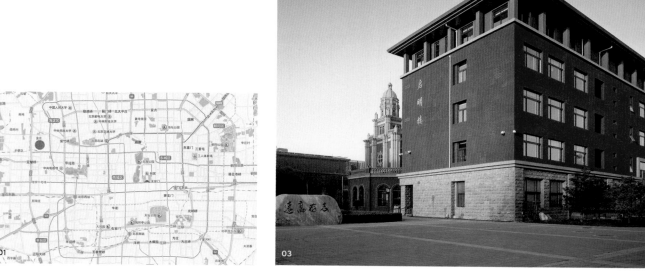

03

04

05

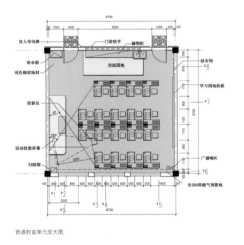

普通教室单元放大图

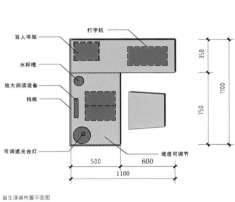

盲生课桌布置平面图

图例：深色地垫
导盲色带

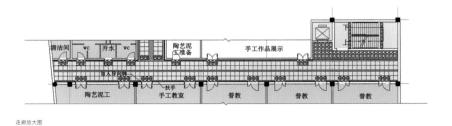

09 走廊放大图

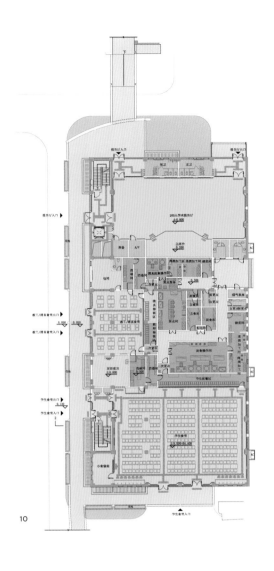

10

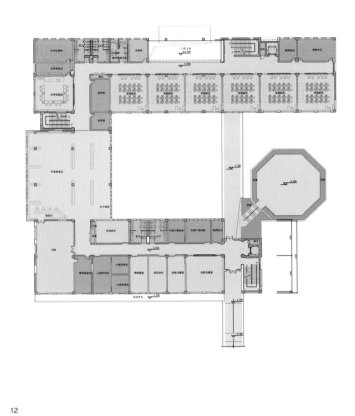

12

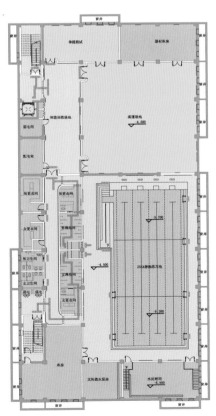

11

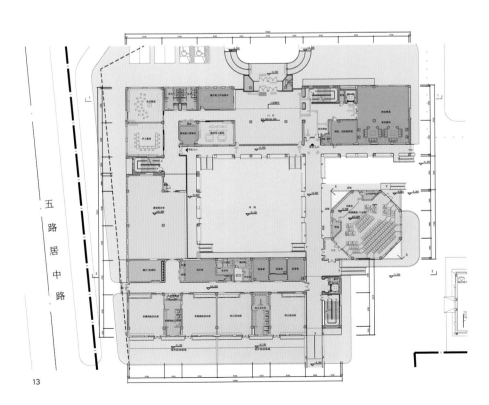

13

五路居中路

内蒙古博源控股集团
有限公司总部综合楼

一等奖 • 综合楼

建设地点 • 内蒙古自治区鄂尔多斯市东胜区
用地面积 • 5.34hm²
建筑面积 • 15.65万 m²

建筑高度 • 99.95m
设计时间 • 2009.01
建成时间 • 2012.08

本项目由总部办公楼与五星级酒店两部分构成，办公楼及酒店中间以相关配套设施相联系，形成连贯的建筑综合体形态。

设计利用城市环境明显的高差变化，将总部办公与酒店的首层主入口前广场与西侧较高城市道路取齐。总部办公主入口与南侧城市道路之间，利用30m宽绿化带自然形成阶梯状步行入口；利用酒店与北侧规划路之间一层的高差，合理划分出酒店各类不同的功能入口。

建筑立面以密实的石材为主体，辅以金属材质竖向线条，通过建筑的整体性和细节处理彰显建筑品质。

建筑专业 • 崔 锴　崔晓勇　余丽君　张 政　郭文辉
　　　　　张 洋　闫淑英
结构专业 • 韩 巍　姚 远
设备专业 • 王 旭　杨东哲　王 威　高 琛
电气专业 • 汪云峰　周陶涛

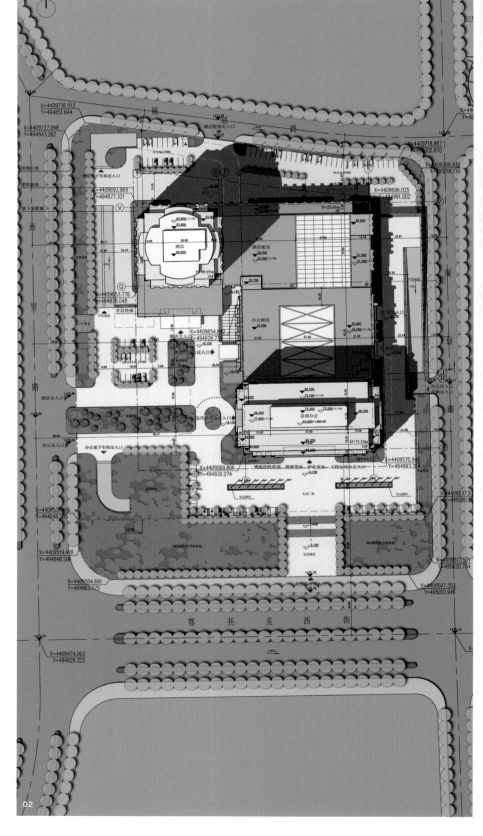

01

02

03

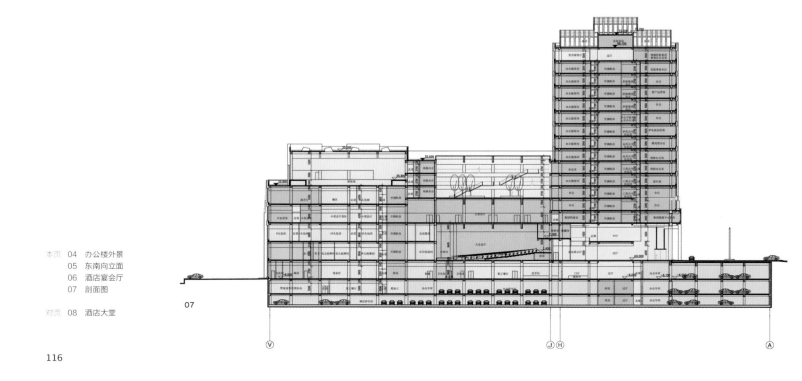

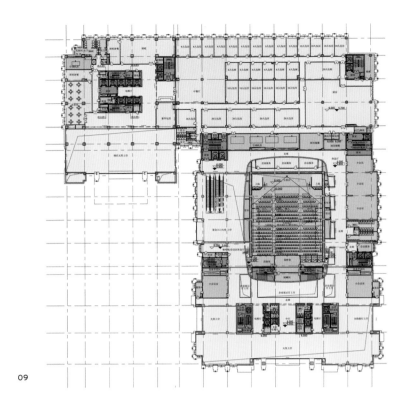

09

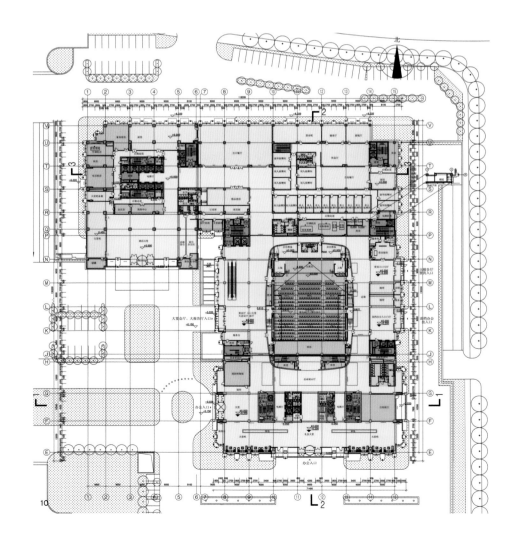

10

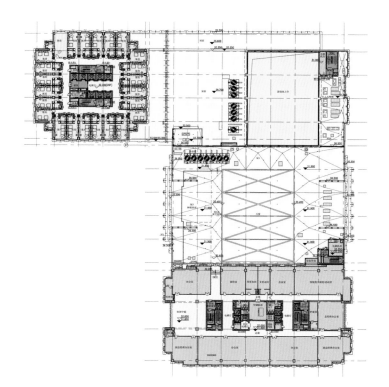

11

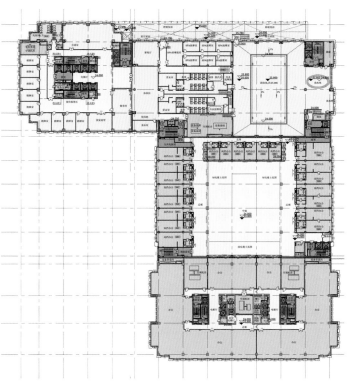

12

金隅科技发展研究中心 A 栋综合楼（金隅喜来登酒店）

建设地点 ● 北京市东城区　　设计时间 ● 2011.06
用地面积 ● 7.98hm²　　建成时间 ● 2011.08
建筑面积 ● 11.43 万 m²　　合作设计 ● 巴马丹拿建筑设计咨询（上海）有限公司
建筑高度 ● 79.9m

由巴马丹拿建筑设计咨询（上海）有限公司完成方案设计，包括商务酒店、办公、商业及配套设施组成，包括五层裙楼及两栋二十一层塔楼。一层为酒店接待服务、高档商品专卖店及办公入口大堂；二层为咖啡厅及餐厅；三、四层为酒店客房、会议室及宴会厅；五层为客房、水疗中心、健体中心及游泳池；六层为平台花园、客房、行政酒廊及服务式公寓酒廊。

用地紧凑，酒店以曲尺平面布局方式扩大临街面及视野角度，位于西北角；办公塔楼朝南向，位于东南角。

建筑简洁的立面与临近的环球贸易中心协调，具有切削几何体的强烈动感。

裙楼采用浅色玻璃幕墙，辅以具有装饰感的幕墙图案，烘托商场及酒店的商业氛围。主入口为几何切削状巨大雨篷，全玻璃幕墙形式在节能潮流中少见。

建筑专业 ● 杜　松　　王宇石　　李　达
结构专业 ● 盛　平　　甄　伟　　赵　明
设备专业 ● 韩兆强　　蒙小晶　　宋丽华　　曾　源
电气专业 ● 刘　倩　　陈　莹　　张　争　　孙　妍

04

05

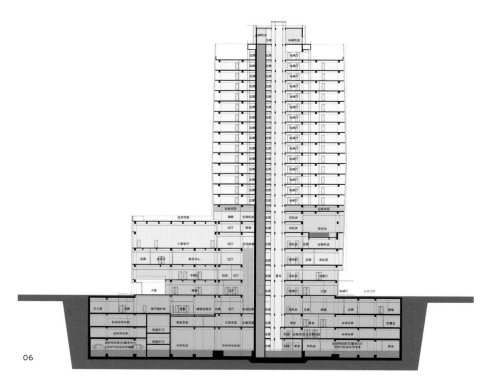

06

07

09

08

10

11

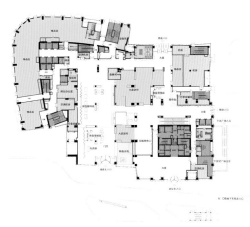

12

13

沈阳鹏利广场 C、D 区（沈阳大悦城）

二等奖 • 综合楼

建设地点 • 辽宁省沈阳市大东区　设计时间 • 2010.07
用地面积 • 3.05hm²　建成时间 • 2010.09
建筑面积 • 30.89 万 m²　合作设计 • 美国 LAGUARDA.LOW ARCHITECTS.LLC
建筑高度 • 99.90m

本项目为大型城市商业综合体，具备综合商业和住宅公寓的复合功能。

商业空间布局以步行街为核心，将商业空间从室内一直拓展延伸到室外，空间变化丰富并与城市形成较好的衔接关系，并充分利用周边的城市资源，将地铁人流有效地引入地下商业区域，力图打造高效运转，富于活力的新型城市综合体。

设计在建筑外立面处理和材质选择上尝试多种组合，建筑外立面商业广告的设置方式成为项目的特色之一。

建筑专业 • 倪 娥　宗澍坤　闫 凯　刘 鹏
　　　　　胡 广　邢雪莹
结构专业 • 郝 彤　朱 鸣　王桂云
设备专业 • 张 杰　郭 文　祁 峰
电气专业 • 汪云峰　彭松龙　刘 杨

01

02

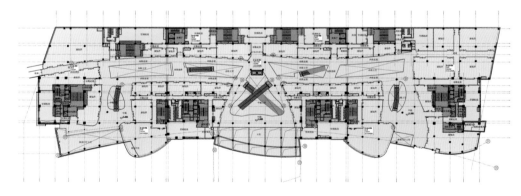

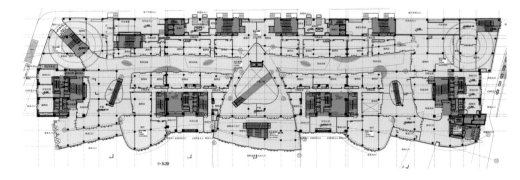

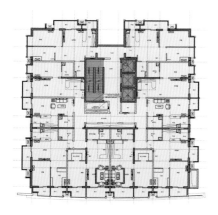

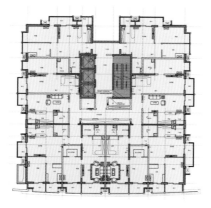

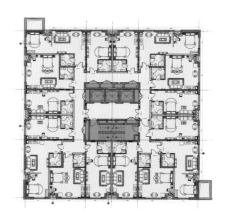

08

09

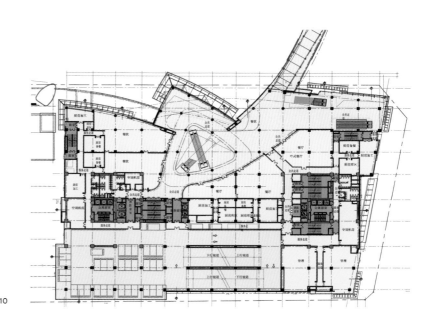

10

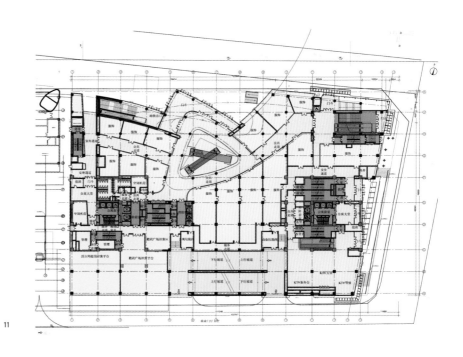

11

石武铁路客运专线安阳东站

二等奖 • 铁路客运站

建设地点 • 河南省安阳市安阳县
用地面积 • 8.60hm²
建筑面积 • 5.25 万 m²

建筑高度 • 26.00m
设计时间 • 2010.09
建成时间 • 2012.01

本项目位于安阳城东侧的安东新城，与城区隔京珠高速公路相望，站房1.6万 m²，站型为线侧平式，下进下出。线东侧预留未来新城发展所需的扩建条件。

功能流线设计成熟简洁：首层中部为中间站台候车厅，北侧为出站通道，南侧设售票厅；基本站台候车厅在二层；设置无柱式站台雨篷。

建筑形体简练，采用三段式立面。长180m、高17m的基座中部破开，穿出斗形体块，中间飞架的横梁与斗栱构成穿插关系，表现出交通建筑的气势，使建筑形成深厚粗犷的原始张力。通过玻璃与实墙的拼图、凹凸形成斗形、檐口和基座勾勒出祥瑞纹样，寓意司母戊鼎破土而出的瞬间，散发出城市特有的殷商神韵。

建筑专业 • 刘 淼　王 超　陶晓晨
结构专业 • 于东晖　魏 宇　毕大勇
设备专业 • 王 新　陈 蕾　孙成雷　颜 皞
电气专业 • 陶云飞　杜 鹏　张博超　张 磊

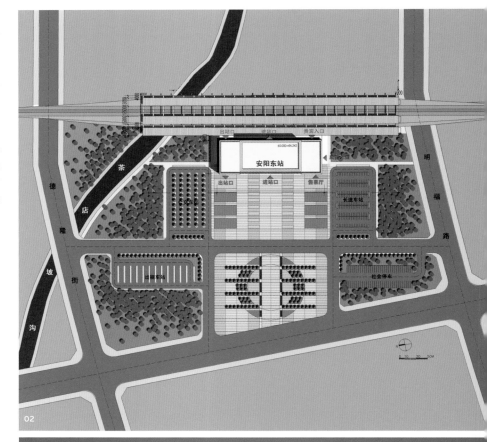

本页　05　候车厅内景
　　　06　站台外景
　　　07　站房 1-1 剖面图

对页　08　站房二层平面图
　　　09　站房首层及地下一层平面图

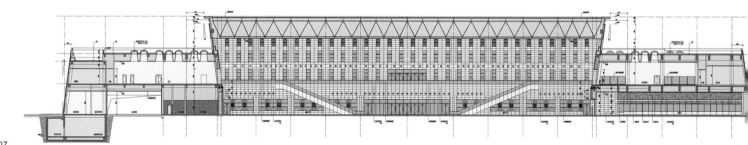

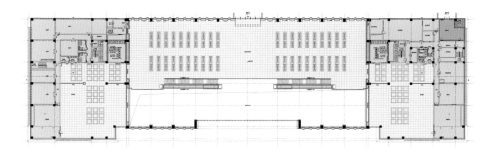

08

09

昆明长水国际机场交通中心

二等奖 • 城市交通枢纽

建设地点 • 云南省昆明市官渡区
用地面积 • 75.10hm²
建筑面积 • 16.74万 m²

建筑高度 • -9.00m
设计时间 • 2011.05
建成时间 • 2011.12

本项目为昆明长水国际机场配套设施，采用设覆土式半开敞车库，紧邻航站楼，包含停车楼和地铁车站等。

陆侧交通与航站楼接驳：停车区与机场高速和内部道路直接接驳，东西各设出入闸口，东进西出，与机场高速方向一致。轨道车站通过地下二层步行联系航站楼，避免了人流和进出港车道边车流的交叉。

半地下二层，南侧停车，北侧靠近航站楼为轨道车站及出发、到达车道边。地下二层和地下三层各形成五个独立的停车区，约3000车位；结合环状消防车道，在南侧设置了一组旅客使用的车道边，携带大量行李的旅客可在此上下车。地铁线路平行于航站楼主楼，站台设在地下三层，站厅设在地下二层，可直接进入航站楼。

剖面结合航站区南低北高的自然地势，形成半地下的形式，顶板上做浅水及绿化种植，节省回填，覆土还减少了室外环境对建筑内部的热影响。停车区东西南三侧均半开敞外墙，平面设置一横四纵的采光通风带，使每个停车区四周均能自然采光通风。本工程获得三星级绿色建筑设计标识证书。

本案通过设置后浇缝，采用补偿收缩混凝土技术、掺加短纤维和预应力技术，并合理设置控制缝等措施，解决结构超长问题。

建筑专业 • 王晓群　李树栋　陈昱夫　郝亚兰
　　　　　 张浩　张葛
结构专业 • 吴中群　齐微　张然
设备专业 • 林伟　牛满坡　刘强
电气专业 • 晏庆模　安兴梅
经济专业 • 张鸰

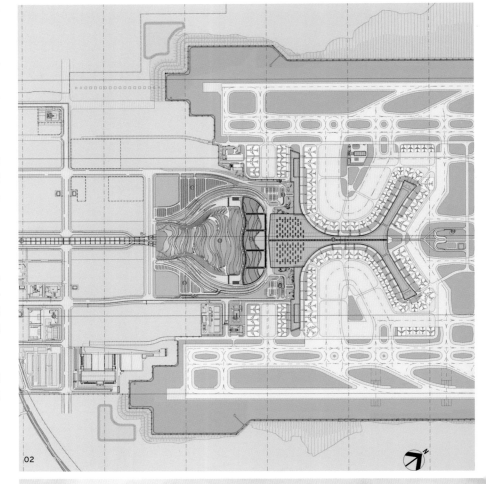

02

01

03

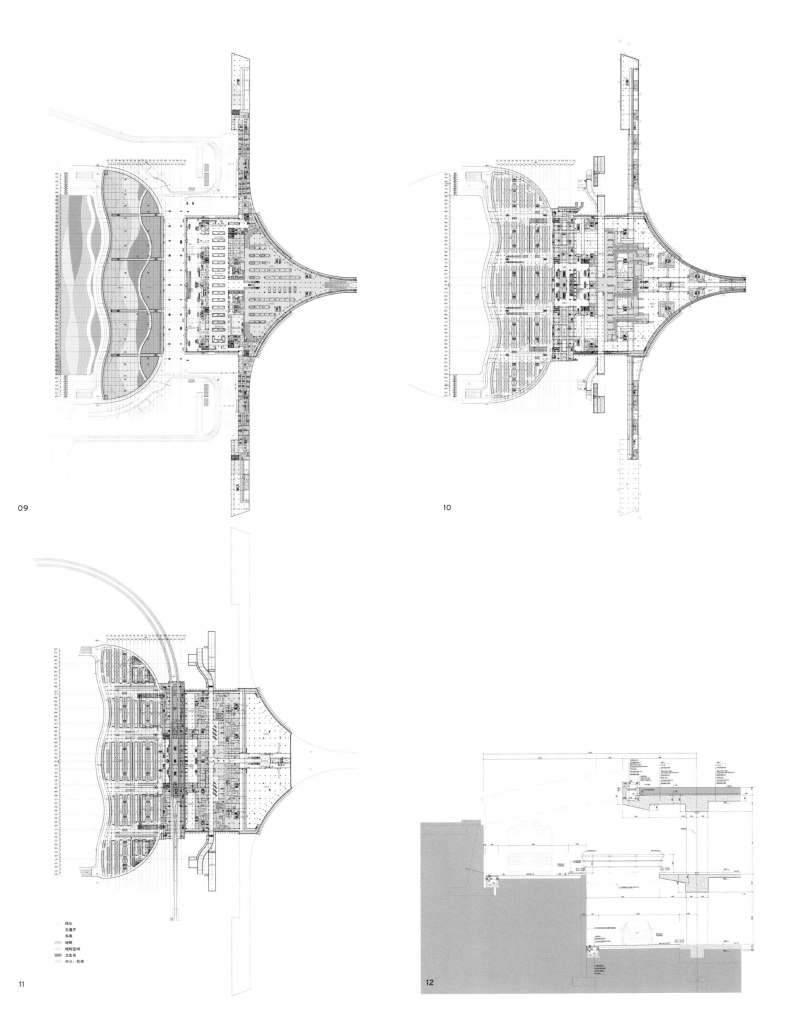

09

10

11

12

绿化
交通厅
车库
地铁
结构空间
卫生间
办公、机房

双井恭和苑（百子湾南二路92号医院养老院）

二等奖 • 疗养院

建设地点 • 北京市朝阳区　建筑高度 • 37.40m
用地面积 • 1.70hm²　　　 设计时间 • 2011.06
建筑面积 • 3.28万 m²　　 建成时间 • 2012.02

本项目北临百子湾路，用地内西侧为现状乐成恭和苑体验中心；北楼为医院，南楼为养老院。

医院主入口位于东侧，设病房十间、床位二十个。养老院部分首层及部分二层为公共服务区，二至十一层为居室区，设置了多样的、适应不同需求的居住单元类型。

养老院公共设施设置丰富，功能齐全，设计了老年生活需求的各类空间。每层设置护士站、公共起居空间、无障碍浴室等，拓展了日常起居生活空间。一、二层为接待咨询、公共服务、餐饮、文化娱乐、康复训练和集会活动等功能，满足老人社交及集体活动的需求。

建筑专业 • 刘蓬　杨亚中　孟璐　赵伯文　林卫
结构专业 • 李婷　黄中杰　陈彬磊
设备专业 • 俞震乾　刘均　钱强
电气专业 • 白喜录　穆晓霞　胡应斌

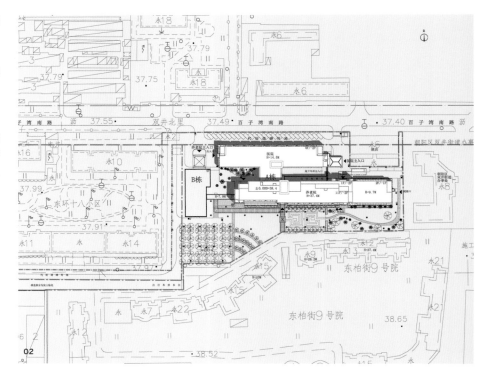

04

05

06

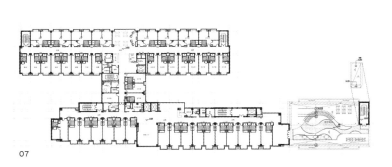
07

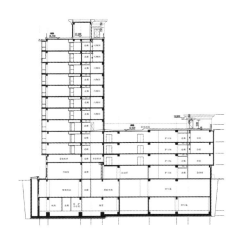
09

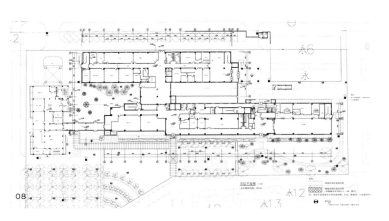
08

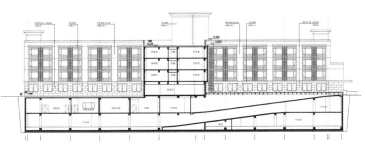
10

郑州市图书馆新馆
（市民文化中心）

二等奖 • 图书馆

建设地点 • 河南省郑州市郑东新区
用地面积 • 5.09hm²
建筑面积 • 7.21 万 m²

建筑高度 • 30.06m
设计时间 • 2009.05
建成时间 • 2012.05

本项目主要包括图书馆、学术交流、文化休闲和文化产品销售的四大功能，总体布局充分考虑了内部功能和市民生活的有机结合。

图书馆和学术交流部分布置于椭圆形平面内，通过室内共享中庭进行分割与联系，同时穿插小的室内庭院以改善自然通风采光条件。文化休闲服务用房作为裙房，环绕主体布置，形成半室外共享中庭。建筑的整体形式感简明而强烈。

室内共享中庭位于建筑的核心区域，体量较大；螺旋楼梯成为室内视觉中心。

建筑专业 • 查世旭　陈　曦　巫　萍　欧阳露
　　　　　 许　蕾　李晓菲
结构专业 • 周　笋　张世碧　王雪生
设备专业 • 薛沙舟　秦鹏华　富　晖
电气专业 • 胡又新　张永利　吴　威

02

01

03

04

05

06

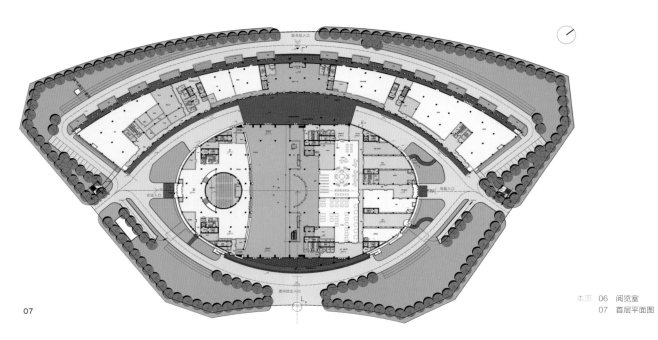

07

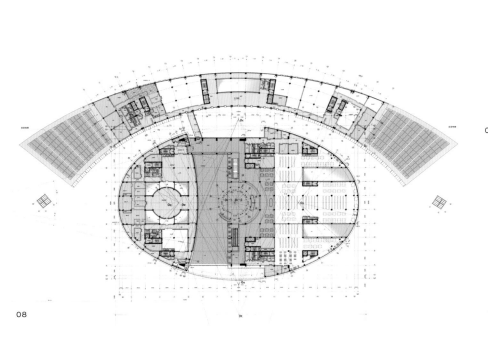

08

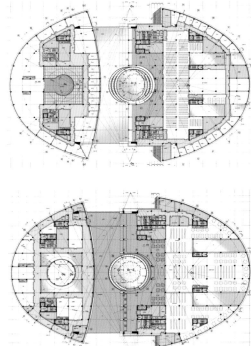

09

10

成都市武侯区人民法院审判综合楼

二等奖 • 法院

建设地点 • 四川省成都市武侯区　建筑高度 • 27.70m
用地面积 • 2.13hm²　　　　　　设计时间 • 2009.01
建筑面积 • 3.10万 m²　　　　　建成时间 • 2011.07

本项目包括审判法庭和办公区，由一个大法庭、六个中法庭和十五个小法庭组成。建筑主体形象严整端正，色彩沉稳，体现出法院类建筑的风格特点。

南侧的大法庭和西、北两侧的中小法庭围合形成开放式公众露天中庭，公众从东侧通过大型台阶进入。总平面功能分区合理，较好实现了法院建筑的功能流线需求；建筑内部通过设置多处内庭院有效解决过大进深带来的通风采光问题，并赋予建筑较丰富的空间层次。

建筑专业 • 郑　方　李诗云　王粤之　王孟杰　刘昕欣
结构专业 • 金　平　张世碧　周　笋
设备专业 • 赵九旭　陈　莉　薛沙舟
电气专业 • 王　晓　申　伟　胡又新

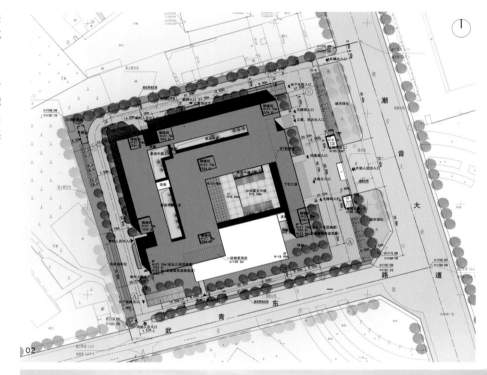

05

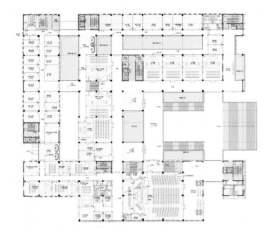

06

08

07

09

10

深圳南山区纯水岸住宅
（九期）

一等奖 · 高层住宅　建设地点 · 广东省深圳市南山区　设计时间 · 2009.11
用地面积 · 1.08hm²　建成时间 · 2011.12
建筑面积 · 7.61 万 m²　合作设计 · 深圳市库博建筑设计事务所
建筑高度 · 88.90 ~ 98.65m

本项目位于深圳市华侨城西北，周边均为住宅区，相互之间以小区道路隔开。本案属高品质住宅区，小区北侧和东南侧分别设置人行出入口，环境优雅，交通便利，设施齐全。

三十二层的一号、二号楼拼接单元住宅与二十八层的三号楼独栋住宅错开布置，围合形成中心景观区。主体建筑南北朝向，户型内部南北通透，通风、采光良好，户型面积较大。

建筑风格注意与周边环境相协调，手法简约、现代，材质、色彩变化丰富，有细节刻画。

建筑专业 · 屈石玉　张瑞霞　王莉英　徐丽光　廖　淦
结构专业 · 陈　波　罗洪斌　王静薇　黄　健
设备专业 · 刘蓉川　刘大为　李新博　范坤泉
电气专业 · 陈小青　丁永军

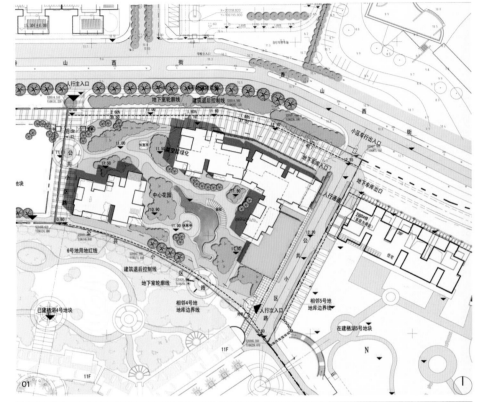

03

04

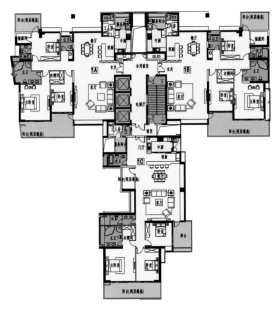

06

本页 04-05 主楼细部
　　　 06 　1号楼4~32层（偶数层）平面图
　　　 07 　1号楼5~31层（奇数层）平面图

对页 08 　2号楼3~31层（奇数层）平面图
　　　 09 　2号楼4~32层（偶数层）平面图
　　　 10 　3号楼3~25层（奇数层）平面图
　　　 11 　3号楼2~26层（偶数层）平面图

05

07

08

10

09

11

北京市公安局半步桥、西红门公租住宅

本项目为面向民警租住的全装修中高档公租房，是北京市保障性住房的试点工程。

半步桥地块通过日照分析，将建筑西高东低设置，西北侧设车行入口；西红门地块在南侧设主入口，西侧设次入口。按每五户一辆配置机动车位，不设地下车库。

户型以大套两室户型公租房为主，套内建筑面积 60m²。外轮廓规整的长方形户型，强调均好性，大套型开间和进深尺寸均相同，所有户型均不少于两个采光面。户型设计合理，动静分区。

项目采用"装配整体式混凝土剪力墙"结构体系，预制外墙板、楼梯、阳台和空调板，实现全装修家居解决方案，预留太阳能生活热水安装条件。项目采用 6m×9m 无承重体的户内空间，户间预留洞口，实现全寿命周期的适用性和灵活性；采用户型标准化，尤其是厨卫实现标准化和系列化。

建筑造型上，利用突出的阳台体块强调纵向线条。空调机位通过预制外挂墙板的围合，与阳台浑然一体。

建筑专业 • 王炜　樊则森　赵頔　杨帆　刘昕
　　　　　王开飞　张沂
结构专业 • 陈彤　马涛　许佳萍
设备专业 • 王颖　石卉　浦华勇　蒋楠
电气专业 • 陈静

一等奖 • 高层住宅

半步桥项目
建设地点 • 北京市西城区
用地面积 • 2.44hm²
建筑面积 • 2.45万 m²（新建）
建筑高度 • 63.60m
设计时间 • 2010.11
建成时间 • 2013.06

西红门项目
建设地点 • 北京市大兴区
用地面积 • 4.07hm²
建筑面积 • 12.87万 m²
建筑高度 • 53.10m
设计时间 • 2011.01
建成时间 • 2013.08

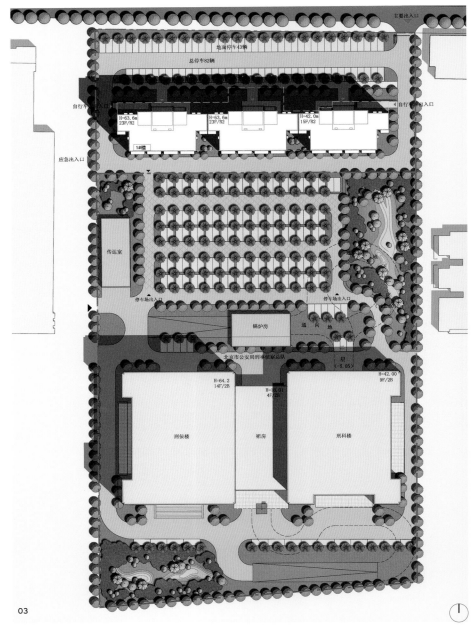

03

01

02

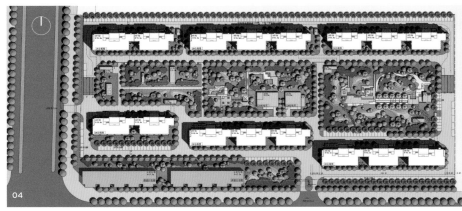

04

05

预制构件拆分图：图中黄色部分为预制构件

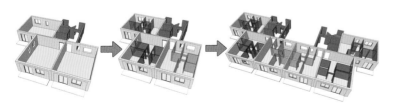

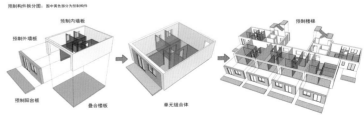

预制外墙板　　预制内墙板　　预制楼梯

预制阳台板　　叠合楼板　　单元组合体

06　　　　　　　　　　　　　　　07

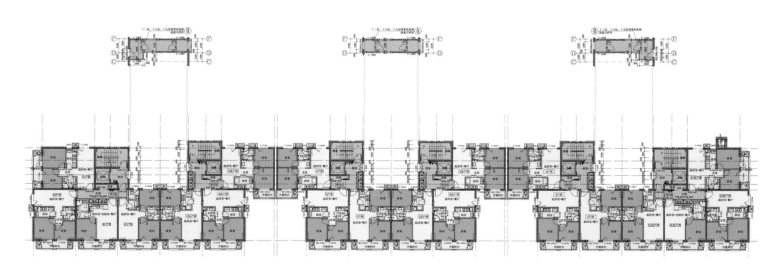

09

10

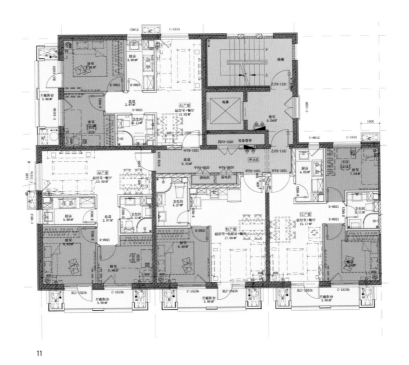

11

远洋波庞宫住宅

一等奖 · 高层住宅

建设地点 · 北京市朝阳区　建筑高度 · 38.65m
用地面积 · 4.70hm²　　　设计时间 · 2010.11
建筑面积 · 4.24万m²　　建成时间 · 2012.12

位于北四环东路北侧，布局结合万和城形成综合性群体。住宅设置在用地北侧，办公商业设在南侧；在地块内部，住宅与公建之间通过景观设计进行分区。

住宅设计为大户型，板式高层，南北通透；一梯一户，双流线设计；结合玄关设置视线遮挡；套内空间方整，交通流线短捷；户型进深大，但精心的设计避免了消极区域的出现。圆形餐厅，楼转角处起居室采用八角厅的处理手法。

建筑采用三段式构图、孟莎式屋顶、一步式阳台，其欧式古典风格立面与万和城协调。

建筑专业 · 胡育梅　尚曦沐　孙喆　张亚洲
　　　　　张羽　金陵
结构专业 · 韩起勋　谢晓栋　叶左群　刘京
设备专业 · 刘磊　刘双　法晓明
电气专业 · 郝晨思　刘明洋

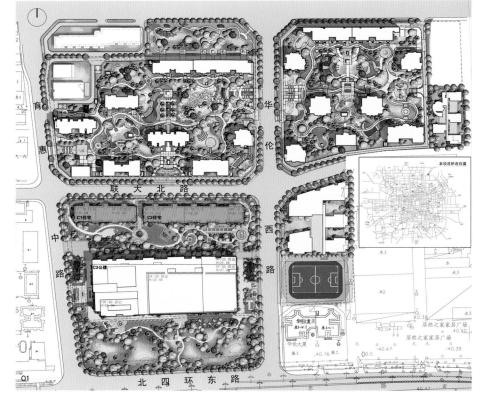

02

154

03

04

05

06

河北三河新天地二期住宅

二等奖 • 高层住宅

建设地点 • 河北省三河市　　建筑高度 • 75.40m
用地面积 • 8.39hm²　　　　设计时间 • 2012.06
建筑面积 • 29.39万 m²　　　建成时间 • 2012.08

本项目位于三河市旧城西部偏北，毗邻重要交通节点，用地西侧是未来的市政府办公区，东侧是文化广场和即将兴建的文化中心，用地区位优势明显。在外围环路及地下解决小区停车问题，内部形成安全的步行系统。

项目定位为中高档板式高层和小高层住宅区，住宅层数十六至二十四层，沿街设有二至三层的商业用房。小区内设有居委会等相关配套设施。各栋高层建筑以南北向为主，采光通风条件良好。

沿南侧文化艺术大街形成商业主轴线，住宅单体则尽量与商业脱离，形成"动"、"静"两大分区。围绕中心景观，每三栋住宅围合成一个小组团，营造出"大社区、小住区"的居住氛围。

建筑专业 • 刘晓钟　吴 静　张立军　冯冰凌　石景琨
　　　　　王 健　蔡兴玥　王 昊　孙博远　刘 利
结构专业 • 毛伟中　张 研　张玉辉
设备专业 • 刘 磊
电气专业 • 孙 平

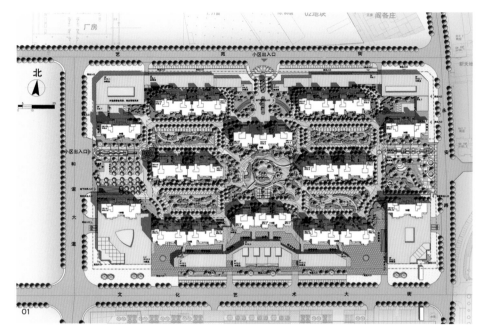

C单元   B2反单元   B2单元   D单元

03

E单元   F单元   E反单元

04

05

鄂尔多斯伊泰华府 C 区住宅

二等奖 • 高层住宅

建设地点 • 内蒙古自治区鄂尔多斯市东胜区 建筑高度 • 59.95m

用地面积 • 5.49hm² 设计时间 • 2009.09

建筑面积 • 8.99万 m² 建成时间 • 2011.06

基地近似方形，与正北向夹角接近 45 度，四周紧邻城市道路。

建筑采用板式住宅单体为基本构成元素，沿用地四周平行布置以获取良好的日照、通风、节能条件；四周围合形成中心绿化广场，给居住者提供共同活动空间。住宅区采取人车分流策略，车行出入口与人行出入口分别设置，汽车进入小区即入地下车库，各楼座均可通过地下大堂进入。

住宅户型设计为一梯二户型和一梯三户型，大开间、小进深，户型方正，外形平整。立面设计较简洁，色彩素雅，总体效果较好。

建筑专业 • 李宏伟　夏兆磊

结构专业 • 伍炼红

设备专业 • 张　璇　关志强

电气专业 • 孟兴旺

北京市建筑设计研究院有限公司 1A1 建筑设计院

03

04

05

06

07

麓景家园经济适用住宅单体

二等奖 • 多层住宅

建设地点 • 北京市海淀区　建筑高度 • 18.00m
用地面积 • 28.00hm²　设计时间 • 2010.01
建筑面积 • 43.47万 m²　建成时间 • 2012.12

本案为定向安置周边农村拆迁户的回迁经济适用住房，由于规划条件限制，整体布局注重规整性，户型设计为六层单元式住宅，无电梯。户型分为五种，以基本套型为主，配以少量异形套型；套型空间紧凑，保证了基本使用功能。

结合工程所采用的砌体结构，展开了高强度非黏土类多孔砖砌体的抗震性能的专项研究；并通过实践应用，有效满足了建筑抗震及灵活布局的需要，节省了建筑材料，取得良好的社会和经济效益。

建筑专业 • 童文军　赵新宇
结构专业 • 肖信文
设备专业 • 刘庆文　王松华　赵金亮
电气专业 • 赵亦宁　宋立立

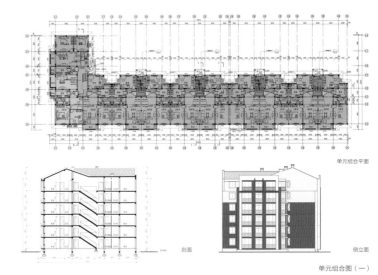

02 单元组合图（一）

单元组合平面

剖面　　　侧立面

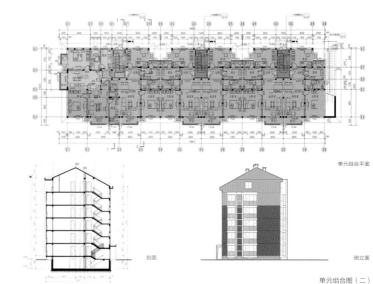

03 单元组合图（二）

单元组合平面

剖面　　　侧立面

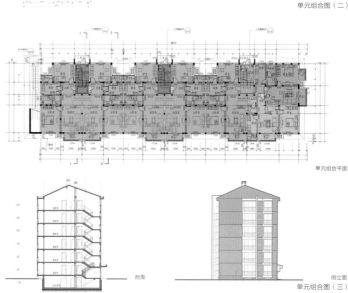

04 单元组合图（三）

单元组合平面

剖面　　　侧立面

01

燕西华府 C 区住宅

二等奖 · 独立式住宅

建设地点 · 北京市丰台区
用地面积 · 13.39hm²
建筑面积 · 12.92万 m²
建筑高度 · 18.00m

设计时间 · 2012.09
建成时间 · 2012.12
合作设计 · 上海日清建筑设计有限公司

本项目位于北京市丰台区与房山区交界处的青龙湖郊野休闲区内，紧邻西六环，交通便利，环境优美。

小区定位为花园式低层高密度居住社区，配置独栋及双拼别墅；用地南侧布置了会所（邻近小区入口）、商业用房和市政配套用房等。用地内有茂密的原生树林，景观条件优良。户型设计中引入许多新的设计理念，如利用自然地形高差的双首层设计、下沉内庭院和户内电梯等。建筑造型为美式草原别墅风格，坡屋面、大挑檐，通过体量的进退获得大量阳台、露台以充分利用景观资源，建筑层次丰富，视线开阔。各类材质搭配多，细部变化多。

本项目体现了多团队合作的优势，预先制定的统一设计标准与细则也为精细化设计提供了保障。

建筑专业 · 刘 杰　刘 琼　金 霞　侯 凡
　　　　　李春丽　杜立军
结构专业 · 杨 洁　孙 鹏　刘莅川　王 奎
设备专业 · 王 威　石立军
电气专业 · 安兴梅　张蔚红

01

02 · 独立式住宅

03

04

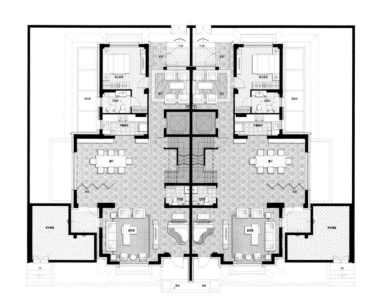

05

门头沟新城南部地区城市设计深化方案及建筑设计导则

一等奖 • 城市规划

建设地点 • 北京市门头沟区
用地面积 • 760.00hm²
建筑面积 • 1155万～1432万 m²

编制时间 • 2012.03 ～ 2012.12
批复时间 • 2012.12

本案主要包括两大部分：第一，细化建筑高度控制、视线通廊，进行空间布局细化研究；第二，对建筑形态进行深化研究，包括建筑空间、道路交通和开放空间这三部分的实施导则。该导则经过北京市门头沟区人大常委会审议，作为法律依据执行。

在北京西南门头沟这类山水特色鲜明的地区进行城市设计，对城市形态的控制管理尤为重要。该导则在空间布局、建筑风格、色彩材料等方面进行了深化、细化的城市设计研究，从而避免城市建设仅考虑个体项目，造成单体与城市环境不相融合引起的混乱城市面貌。

空间总体布局以西山、砂石坑、永定河作为地区生态景观基质，以三条横向的景观视廊作为生态廊道，区域点状的组团绿地作为景观斑块，两条纵向的道路绿化作为绿化网络骨架，形成点、线、面结合的绿色生态框架。

在建筑形态方面，设计注重体现地域形态特色，将建筑色彩、屋顶形态、体量等内容作为设计要求，纳入规划管理中，对后续的开发建设做出指导。

导则注重城市安全，强调城市空间布局的疏密结合；同时结合技术手段，收集雨水加以利用，重视城镇化进程中防洪防涝体系的建设。

项目总建筑师 • 朱小地　苏　晨
项目总规划师 • 吴　晨　周小洁
项目建筑师 • 王　骅　武　辉
项目规划师 • 米　鑫　张连轩　郑　天
　　　　　　　李　婧　张　崴　张梦桐
　　　　　　　刘一凡　陈剑川　施　媛

01

02

03
内城
外城
绿带

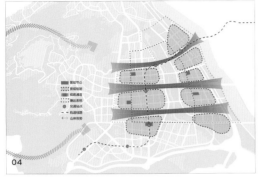

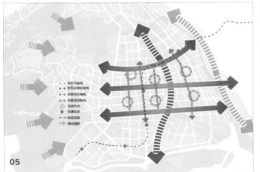

妫河建筑创意区城市设计

一等奖 • 城市规划

建设地点 • 北京市延庆县
用地面积 • 21.02hm²
建筑面积 • 17.42万 m²

编制时间 • 2009.09 - 2011.02
批复时间 • 2011.06

本项目位于北京市延庆县妫河北岸延庆镇西屯村，是由BIAD投资开发的项目。

设计目的旨在以建筑创意产业为主，形成设计研究、教育培训、展示交流的创意平台。通过规划建设提高延庆的环境吸引力，将基地打造成集湿地、林地、坡地和台地为一体的郊野公园；采用即插即用的个性化模块单元，灵活变化的"簇群式"功能组合，使未来产业园成为一个开放的创意服务平台，兼容各种个性化团队的需求，以成为具有环境、功能、空间、生态和文化等多种吸引力的场所。

项目团队将参数化手段运用到城市设计当中，通过对现状自然环境中的各种要素进行理性的分析，在提升当地现有环境条件的同时，生成一种量子化的灵活城市空间，从而创造出一种区别于现有城市结构的有机城市肌理，并赋予各类活动以多种可能性；同时，创意产业园不是一次性建成的，而是随着时间的推移、环境的改变自然生长而成的。为此，项目团队特别编写了一套计算机程序，制订了具有适应性的指导规则。

目前，道路、市政和景观施工已完成，接待中心已投入使用，其他项目在分批实施中。

建筑专业 • 邵韦平　刘宇光　李淦　吕娟
　　　　　刘鹏飞　吴晶晶
设备专业 • 郑克白　李曼
电气专业 • 逄京　李博邃

01

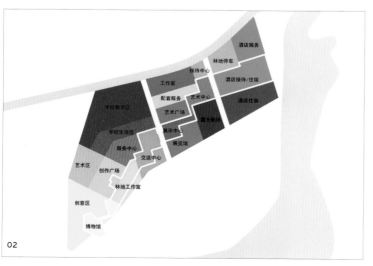

02

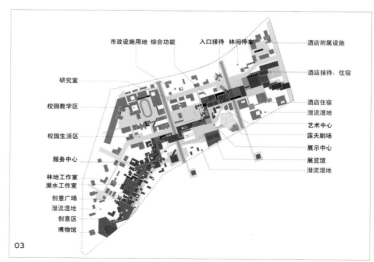

03

04

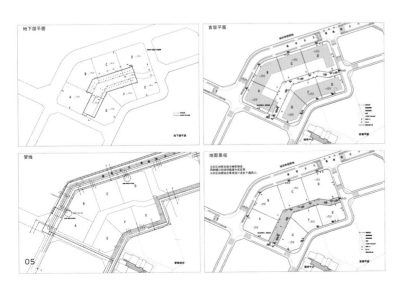

05

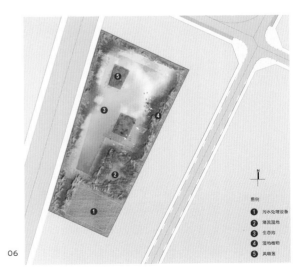

06

07

本页 07-08 鸟瞰效果图

对页 09 建筑实景
10 道路实景

08

新乡市新区核心区规划

二等奖 • 城市规划　　建设地点 • 河南省新乡市红旗区　　编制时间 • 2007.03 ～ 2011.01
用地面积 • 160.00hm²　　批复时间 • 2011.10

本规划的核心区中央大道自北向南，依次穿过居住区、市政府办公楼、政府广场、博物院、文化中心区及文化广场、商业广场门户区、CBD 商区，形成文化和城市发展轴线。核心区由五部分组成：

第一组团：居住区主广场沿中轴线布置，保证市府楼在中轴线上的视觉连贯性。

第二组团：政府广场由市政府办公楼统领，与北侧景观、南侧博物馆遥相呼应。

第三组团：文化中心区及文化广场将博物馆置于中轴线上，对称布局突出了轴线关系。放射形平面与周边建筑形成环抱呼应之势，增强了建筑的空间联系，同时在视觉上创造丰富的广场空间。建筑体量顺势而成，保证了规划的完整性和秩序感，将南北广场紧密联系。西侧为科技馆、青少年宫和妇女活动中心，东侧为大剧院、音乐厅和工人文化馆，增强了整个区域的连贯性。

第四组团：商业广场四栋高层办公建筑面对城市主干道设置，形成核心区的门户，与 CBD 商区相呼应。

第五组团：轴线最南端为 CBD 商区，布局上既延续了轴线对称形式，又保持了建筑的多样性。

BIAD 完成规划后，又参与了九个单体建筑的设计，并对所有单体方案进行把控。

建筑专业 • 党辉军　董晓煜　周永建　陈喆　罗宇杰

01

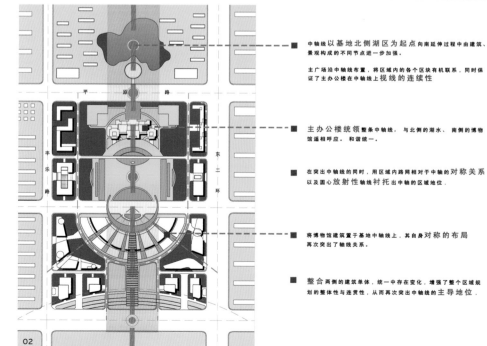

02

■ 中轴线以基地北侧湖区为起点向南延伸过程中由建筑、景观构成的不同节点进一步加强。

主广场沿中轴线布置，将区域内的各个区块有机联系，同时保证了主办公楼在中轴线上视线的连续性

■ 主办公楼统领整条中轴线，与北侧的湖水、南侧的博物馆遥相呼应。和谐统一。

■ 在突出中轴线的同时，用区域内路网相对于中轴的对称关系以及圆心放射性轴线衬托出中轴的区域地位。

■ 将博物馆建筑置于基地中轴线上，其自身对称的布局再次突出了轴线关系。

■ 整合两侧的建筑单体，统一中存在变化，增强了整个区域规划的整体性与连贯性，从而再次突出中轴线的主导地位。

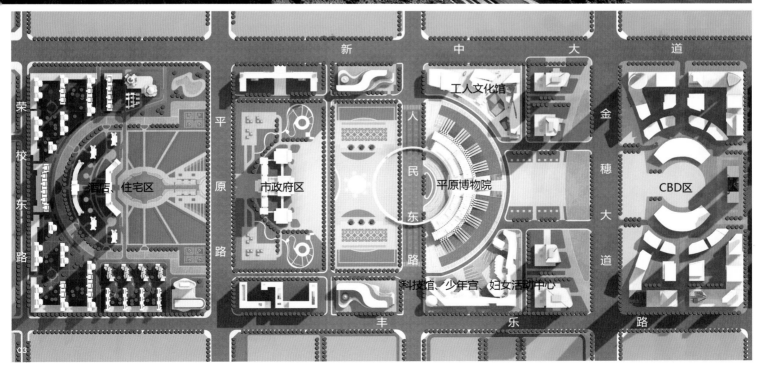

03 总平面图

其他获奖项目

北京大学外语学院办公楼

三 等 奖 • 办公建筑
建设地点 • 北京市海淀区白颐路北端
用地面积 • 0.43hm²
建筑面积 • 1.34 万 m²
建筑高度 • 18.00m
设计时间 • 2012.06
建成时间 • 2012.08

嘉禾国信大厦

三 等 奖 • 办公建筑
建设地点 • 北京市东城区白桥大街 15 号
用地面积 • 0.58hm²
建筑面积 • 3.84 万 m²
建筑高度 • 40.00m
设计时间 • 2005.11
建成时间 • 2007.07

远洋未来广场

三 等 奖 • 综合楼
建设地点 • 北京市朝阳区北四环东路
用地面积 • 4.69hm²
建筑面积 • 13.59 万 m²
建筑高度 • 85.15m
设计时间 • 2010.12
建成时间 • 2012.05

中央戏剧学院新校区（一期）

三 等 奖 • 教育建筑
建设地点 • 北京市昌平区北七家
用地面积 • 22.33hm²
建筑面积 • 9.90 万 m²
建筑高度 • 18.00m
设计时间 • 2010.06
建成时间 • 2012.05
合作设计 • 周道顾问（北京市）有限公司

龙沐湾国际旅游度假区温泉海景公寓（一期）

三 等 奖 • 酒店建筑
建设地点 • 海南省三亚市乐东黎族自治县
用地面积 • 10.44hm²
建筑面积 • 12.04 万 m²
建筑高度 • 80m
设计时间 • 2010.05
建成时间 • 2011.12
合作设计 • 美国 JWDA（骏地）建筑设计事务所深圳公司

台基厂 8 号院文物修缮改造

三 等 奖 • 办公建筑
建设地点 • 北京市东城区台基厂 8 号院
用地面积 • 0.71hm²
建筑面积 • 1.75 万 m²
建筑高度 • 8.15m
设计时间 • 2011.05
建成时间 • 2012.05

辽源市公安局业务用房大楼

三 等 奖 • 办公建筑
建设地点 • 吉林省辽源市
用地面积 • 3.07hm²
建筑面积 • 3.33 万 m²
建筑高度 • 39.45m
设计时间 • 2011.02
建成时间 • 2012.09

鄂尔多斯东胜区第六中学

三 等 奖 • 教育建筑
建设地点 • 内蒙古自治区鄂尔多斯市
用地面积 • 5.95hm²
建筑面积 • 1.56 万 m²
建筑高度 • 15.5m
设计时间 • 2009.03
建成时间 • 2010.08

中央美术学院雕塑系教学楼扩建

三 等 奖 • 改造建筑
建设地点 • 北京市朝阳区花家地南街 8 号
用地面积 • 10.11hm²
建筑面积 • 0.72 万 m²
建筑高度 • 23.9m
设计时间 • 2010.04
建成时间 • 2012.12

内蒙古职工之家

三 等 奖 • 综合建筑
建设地点 • 内蒙古自治区呼和浩特市
用地面积 • 1.09hm²
建筑面积 • 3.59 万 m²
建筑高度 • 50.15m
设计时间 • 2006.12
建成时间 • 2010.07

中国驻科特迪瓦大使馆

三 等 奖 • 使馆建筑
建设地点 • 科特迪瓦阿比让市
用地面积 • 4.01hm²
建筑面积 • 0.49 万 m²
建筑高度 • 14.15m
设计时间 • 2009.12
建成时间 • 2012.09
合作设计 • 北京市中联环建文建筑设计有限公司

临空智选假日酒店改造

三 等 奖 ● 改造建筑
建设地点 ● 北京市朝阳区京顺东街 6 号院
用地面积 ● 12.75hm²
建筑面积 ● 0.98 万 m²
建筑高度 ● 18.00m
设计时间 ● 2011.05
建成时间 ● 2012.03

北京市青年中心（北京市老干部活动中心）改造

三 等 奖 ● 改造建筑
建设地点 ● 北京市东城区和平里东街民旺甲 19 号
用地面积 ● 0.51hm²
建筑面积 ● 2.30 万 m²
建筑高度 ● 31.3m
设计时间 ● 2010.06
建成时间 ● 2011.09

北戴河干休所

三 等 奖 ● 综合楼
建设地点 ● 河北省秦皇岛市
用地面积 ● 1.53hm²
建筑面积 ● 0.69 万 m²
建筑高度 ● 7.5～15m
设计时间 ● 2010.01
建成时间 ● 2011.07

武夷花园月季园住宅

三 等 奖 ● 居住建筑
建设地点 ● 北京市通州区通胡大街
用地面积 ● 5.71hm²
建筑面积 ● 16.47 万 m²
建筑高度 ● 80m
设计时间 ● 2007.12
建成时间 ● 2009.08

筑华年住宅

三 等 奖 ● 居住建筑
建设地点 ● 北京市朝阳区来广营乡红军营村
用地面积 ● 10.14hm²
建筑面积 ● 25.92 万 m²
建筑高度 ● 81.15m
设计时间 ● 2010.01
建成时间 ● 2011.12

金地仰山住宅（西区）

三 等 奖 ● 居住建筑
建设地点 ● 北京市大兴区黄村新城
用地面积 ● 8.45hm²
建筑面积 ● 18.71 万 m²
建筑高度 ● 60m
设计时间 ● 2011.04
建成时间 ● 2013.02
合作设计 ● 上海天华建筑设计有限公司

新里西斯莱公馆 1、2、5 号楼

三 等 奖 ● 居住建筑
建设地点 ● 北京市大兴区黄村镇
用地面积 ● 16.40hm²
建筑面积 ● 40.10 万 m²
建筑高度 ● 72.8m
设计时间 ● 2012.01
建成时间 ● 2012.12
合作设计 ● 上海尤埃建筑设计有限公司

旭辉御府住宅

三 等 奖 ● 居住建筑
建设地点 ● 北京市大兴区黄村镇
用地面积 ● 10.32hm²
建筑面积 ● 17.18 万 m²
建筑高度 ● 43.80m
设计时间 ● 2010.12
建成时间 ● 2012.12

图书在版编目（CIP）数据

BIAD 优秀工程设计 2013 / 北京市建筑设计研究院
有限公司主编 . - 北京：中国建筑工业出版社，2015.1
　ISBN 978-7-112-17610-6

　Ⅰ . ① B… Ⅱ . ① 北… Ⅲ . ① 建筑设计 – 作品集 – 中
国 – 现代 Ⅳ . ① TU206

　中国版本图书馆 CIP 数据核字（2014）第 292286 号

责任编辑：徐晓飞　张　明
责任校对：张　颖　关　健

BIAD 优秀工程设计 2013

北京市建筑设计研究院有限公司　主编
*
中国建筑工业出版社出版、发行（北京西郊百万庄）
各地新华书店、建筑书店经销
北京雅昌艺术印刷有限公司制版
北京雅昌艺术印刷有限公司印刷
*
开本：965×1270 毫米　1/16　印张：11　字数：220 千字
2015 年 4 月第一版　2015 年 4 月第一次印刷
定价：110.00 元
ISBN 978-7-112-17610-6
　　（26828）